HISTOIRE DES PLANTES

MONOGRAPHIE

DES

LAURACÉES

ELÆAGNACÉES ET MYRISTICACÉES

PARIS. — IMPRIMERIE DE E. MARTINET, RUE MIGNON, 2.

HISTOIRE DES PLANTES

MONOGRAPHIE

DES

LAURACÉES

ÉLÆAGNACÉES ET MYRISTICACÉES

PAR

H. BAILLON

PROFESSEUR D'HISTOIRE NATURELLE MÉDICALE A LA FACULTÉ DE MÉDECINE DE PARIS
DIRECTEUR DU JARDIN BOTANIQUE DE LA FACULTÉ, PRÉSIDENT DE LA SOCIÉTÉ LINNÉENNE DE PARIS

ILLUSTRÉE DE 78 FIGURES DANS LES TEXTES

DESSINS DE FAGUET

PARIS

LIBRAIRIE HACHETTE ET Cie

BOULEVARD SAINT-GERMAIN, 79

LONDRES, 18, KING WILLIAM STREET, STRAND. — LEIPZIG, 3, KÖNIGSSTRASSE

1870

"

X
LAURACÉES

I. SÉRIE DES CANNELLIERS.

On peut commencer l'étude de cette famille par l'analyse du Cannel-

Cinnamomum zeylanicum.

Fig. 240. Rameau florifère ($\frac{1}{2}$).

lier de Ceylan (fig. 240-243), type du genre *Cinnamomum* [1]. Les fleurs

1. Burm., *Fl. zeyl.*, 62. — Nees, *Laur. disp. Progr.*, 11 ; *Systema Laurinarum*, 31. — Endl., *Gen.*, n. 2023. — Meissn., in DC. *Prodr.*, XV, sect. I, 9, 503 (incl. : *Camphora* Nees, *Cecidodaphne* Nees, *Malabathrum* Burm., *Parthenoxylon* Bl.).

du *C. zeylanicum* [1] sont régulières et hermaphrodites. Leur réceptacle a la forme d'une coupe assez profonde, sur les bords de laquelle s'insèrent un périanthe et un androcée périgynes, tandis que le gynécée en occupe le fond. Le périanthe est double; ses trois folioles extérieures, ou sépales, sont libres, égales entre elles, colorées, disposées dans le bouton en préfloraison valvaire. Les trois folioles intérieures, alternes avec les précédentes, forment aussi un verticille régulier, qu'on doit

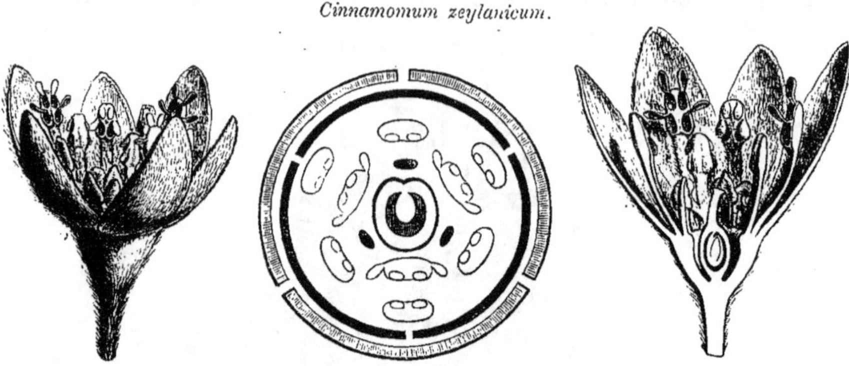

Cinnamomum zeylanicum.

Fig. 241. Fleur (⁴⁄₇).   Fig. 242. Diagramme.   Fig. 243. Fleur, coupe longitudinale.

considérer comme une corolle[2]; sa préfloraison est aussi valvaire (fig. 242). Les verticilles de l'androcée sont aussi trimères. On en compte quatre, savoir, de dehors en dedans : 1° trois étamines superposées aux sépales, formées chacune d'un filet libre, aplati à sa base, dilaté supérieurement en un connectif comprimé qui porte en dedans quatre logettes d'anthère superposées par paire. Chaque logette s'ouvre par un panneau qui se relève à l'époque de l'émission du pollen[3] (fig. 241, 243); 2° trois étamines semblables aux précédentes et alternes avec elles; 3° trois étamines qui diffèrent des six étamines extérieures en ce que les loges

1. BREYN, in *Eph. nat. cur.*, dec. 1, ann. 4, 139. — NEES, in *Wall. Pl. asiat. rar.*, II, 74. — MEISSN., *Prodr.*, n. 10. — *Cinnamomum* BURM.. *Zeyl.*, 62, t. 27.— *C. zeylanicum vulgare* HAYNE, *Arzn.*, 12, t. 20. — *C. zeylanicum cordifolium* HAYNE, *loc. cit.*, t. 21. — *Cassia cinnamomea* HERM., *Lugd.-bat.*, 129, t. 655, 656. — *Cassia lignea* HERM., *loc. cit.* — *Laurus Cinnamomum* L., *Spec.*, 528. — *L. Cassia* BURM., *Fl. ind.*, 91. — *L. Malabathrum* WALL., *Cat.*, n. 2583 A (part.). — *Persea Cinnamomum* SPRENG., *Syst.*, II, 567.

2. Parce que leur apparition est simultanée, au lieu d'être successive, comme celle des trois folioles du verticille extérieur. Ici la consistance et la couleur ne prouvent rien. C'est ce qu'a observé PAYER (*Traité d'Organog. comp. de la fleur*, 471, t. 96) : « La simultanéité de leur apparition sur le réceptacle prouve bien que ce sont des pétales, et non des sépales, comme le pensait A. L. DE JUSSIEU. ADANSON, qui a si bien reconnu (*Fam. des pl.*, II, 426) la nature axile des bords de la coupe qui portent les sépales, décrit également ce verticille interne des enveloppes florales comme une corolle. »

3. Le pollen des Lauracées proprement dites est le plus souvent formé de gros grains sphériques, sans pores ni plis.

de leur anthère sont extrorses ou à peu près marginales, et en ce que la base de leur filet porte latéralement deux grosses glandes stipitées; 4° trois étamines stériles, superposées aux pétales et terminées par une anthère sans pollen, transformée en masse glanduleuse. Le gynécée, constitué par un seul carpelle [1], est formé d'un ovaire libre, surmonté d'un style à peine excentrique [2], dont le sommet se dilate en une tête stigmatifère. Dans l'unique loge de l'ovaire, se voit un placenta pariétal, superposé à un pétale (fig. 242), et donnant insertion, près de son sommet, à un seul ovule descendant, anatrope, avec le micropyle dirigé en haut et du côté du placenta [3]. Le fruit est une baie [4], accompagnée à sa base du réceptacle et du périanthe persistants; elle contient une graine qui, sous ses téguments [5], renferme un gros embryon dépourvu d'albumen, à cotylédons plan-convexes et charnus, à radicule supère et rectiligne [6]. Le Cannellier de Ceylan est un arbre aromatique, à feuilles opposées, pétiolées, sans stipules, avec un limbe entier, épais, penninerve, et triplinerve à la base. Ses fleurs sont rassemblées au sommet des rameaux, en grappes ramifiées [7] de cymes bipares. Chaque fleur naît dans l'aisselle d'une bractée, et son pédicelle porte deux bractées latérales, opposées et fertiles (fig. 240).

Certaines espèces de *Cinnamomum* ont les feuilles alternes, au lieu d'être opposées. Tel est le Camphrier du Japon (fig. 244), autrefois considéré comme le type d'un genre distinct, sous le nom de *Camphora* [8] *officinarum* [9]. Dans cette plante, les bourgeons sont protégés extérieu-

---

1. Pour M. MEISSNER (*Prodr.*, 2), le gynécée des Lauracées est primitivement constitué par trois feuilles carpellaires : « Pistilla 2, 3, in unum intime connata; ovarium e carpophyllis 2, 3, valvatim connatis formatum....; placentis 2, 3, parietalibus nerviformibus, unica fertili excepta ». Les résultats de l'observation organogénique sont contraires à cette théorie.

2. Il est parcouru du côté du placenta par un sillon longitudinal, continué, dans beaucoup de Lauracées, jusqu'à la portion dilatée et stigmatifère, qui présente de ce côté une échancrure. Ce sillon s'arrête par une sorte de cul-de-sac un peu élargi, vers la portion supérieure de l'ovaire, là où se termine le placenta, un peu au-dessus de l'insertion de l'ovule.

3. Il a deux enveloppes.

4. Les parois en sont minces, peu charnues, desséchées de bonne heure. Beaucoup d'autres Lauracées ont de ces fruits sans noyau, mais à péricarpe peu épais et à peine charnu, souvent décrits sous les noms de *bacca sicca* ou *ersucca*.

5. Ils sont minces; on y distingue cependant

trois couches : une enveloppe celluleuse molle, extérieure, blanchâtre dans la graine fraîche; un testa peu épais, mais cassant, et une membrane brune, peu résistante. Ici, comme dans beaucoup d'autres Lauracées, les téguments sont souvent tachetés ou chinés de pourpre noirâtre.

6. La radicule ne se voit pas à l'extérieur de l'embryon. Les deux cotylédons descendent bien plus bas que leur insertion sur la tigelle, et forment dans cette partie chacun une demi-gaîne qui entoure complétement la radicule et se prolonge même bien plus bas que son sommet. L'embryon tout entier est parsemé de réservoirs d'huile essentielle.

7. Leurs divisions sont opposées, décussées, comme celles de la tige et comme les feuilles.

8. NEES, in *Wall. Pl. asiat. rar.*, II, 64, 72; *Syst.*, 87. — ENDL., *Gen.*, n. 2024.

9. C. BAUH., *Pin.*, 500. — *Laurus camphorifera* KÆMPF., *Amœn.*, 770. — *L. Camphora* L., *Mat. med.*, 107. — *Persea Camphora* SPRENG., *Syst.*, II, 268. — *Cinnamomum Camphora* NEES et EBERM., *Med. ph. Bot.*, II, 430; *Pl. off.*, t. 127. — MEISSN., *Prodr.*, n. 44.

rement par des écailles rigides et imbriquées, et le calice, se détachant circulairement à sa base pendant la maturation du fruit, ne laisse la base de ce dernier entourée que par une cupule que forme le réceptacle persistant et durci [1].

Cinnamomum Camphora.

Fig. 244. Rameau florifère ($\frac{1}{3}$).

Les *Cinnamomum* sont de beaux arbres ou des arbustes, tous originaires de l'Asie tropicale et sous-tropicale. Leur feuillage est persistant. Leurs fleurs sont de petite taille, d'un vert jaunâtre ou blanchâtre. On en a décrit un très-grand nombre d'espèces [2], qui peuvent se réduire à environ une cinquantaine.

1. Ces deux derniers caractères servent seuls à distinguer d'une façon absolue la section *Camphora* de la section *Malabathrum*, attendu que dans celle-ci il y a aussi des espèces à feuilles alternes. Dans les *Malabathrum*, la partie supérieure du calice se détache seule à un certain âge ; de sorte que la cupule réceptaculaire demeure couronnée de six dents tronquées. Les bourgeons y sont nus ou protégés seulement par des écailles tout à fait rudimentaires. La section *Camphora* comprend, outre les Camphriers proprement dits, les *Cecidodaphne* (NEES, in *Wall. Pl. asiat. rar.*, II, 61 ; *Syst.*, 202 ; — ENDL., *Gen.*, n. 2035), et les *Parthenoxylon* (BL., *Mus. lugd.-bat.*, I, 322 ; — MIQ., *Fl. ind.-bat.*, I, 916), qui n'en diffèrent par aucun caractère absolu.

2. GÆRTN., *Fruct.*, II (1794), t. 92 (*Laurus*). — JACQ., *Collect.*, IV, t. 3. — BL., *Bijdr.*, 570 ; *Rumphia*, 25, t. 10-24. — HOOK., *Exot. Fl.*, t. 126. — DON, *Prodr. Fl. nepal.*, 66. — SIEB. et ZUCC., in *Abh. d. Münch. Akad.*, IV, 3,

Tout à côté des Cannelliers se placent cinq genres qui en ont la fleur et qui n'en diffèrent que par des caractères de fort peu de valeur, comme la nervation des feuilles, la disproportion des deux verticilles du périanthe, et la façon dont se comportent, après l'anthèse, le périanthe, le réceptacle floral et le pédicelle : ce sont les *Phœbe, Machilus, Alseodaphne, Persea* et *Nothaphœbe*. Les *Phœbe*, arbres de l'ancien et du nouveau monde, ont un périanthe qui persiste tout entier autour du fruit, devient sec et induré, surtout à sa base, qui se continue avec le pédicelle légèrement renflé dans sa partie supérieure. Les *Machilus* ont aussi un périanthe persistant ; ses divisions se réfléchissent plus ou moins vers leur sommet non induré, et leurs pédicelles ne s'épaississent pas. Leurs feuilles sont penninerves. Les *Alseodaphne* ont un calice qui tombe ; de sorte qu'on ne trouve plus sous leur fruit que le réceptacle peu développé, surmontant un gros pédicelle, renflé en massue, plus ou moins charnu et parsemé de glandes à sa surface. Dans les Avocatiers (*Persea*), le périanthe persiste presque toujours, mais non constamment, car quelquefois il se détache avec le réceptacle lui-même. Le pédicelle s'épaissit plus ou moins, mais non autant que celui des *Alseodaphne ;* et, très-fréquemment, le périanthe a les trois divisions intérieures plus développées que les extérieures. Dans les *Nothaphœbe*, cette disproportion entre les sépales et les pétales est plus prononcée encore ; les premiers sont réduits à presque rien dans certaines espèces. Le pédicelle s'épaissit un peu, et le périanthe persiste, sans s'accroître, autour de la base du fruit. Au peu d'importance de ces caractères différentiels, on reconnaît qu'il s'agit ici d'un groupe très-naturel et qu'on ne saurait diviser de manière à en rendre l'étude possible, si l'on n'avait recours qu'à des traits d'organisation bien accentués.

Avec la fleur également organisée comme celle des *Cinnamomum*, les *Apollonias* se distinguent cependant très-facilement en ce que leurs anthères n'ont que deux logettes au lieu de quatre. Le même nombre se rencontre dans les trois genres *Hufelandia, Nesodaphne* et *Haasia*, qui ne diffèrent des *Apollonias* que par des caractères semblables à ceux qui distinguent des *Cinnamomum* les autres genres à anthères quadriloculées. Dans les *Beilschmiedia*, c'est l'ovaire qui présente une particularité nouvelle : la production d'une fausse-cloison par laquelle il est partagé en deux cavités incomplètes.

202. — Miq., *Analect.*, III, 14 ; *Fl. ind.-bat.*, I, 895. — Wight, *Icon.*, t. 125, 131. — Thw., *Enum. pl. Zeyl.*, 253. Ces espèces ont les feuilles tantôt opposées, et tantôt alternes.

Nous plaçons encore dans cette série deux genres exceptionnels : l'*Aiouea* et le *Potameia*. Le premier a des étamines à deux logettes, analogues à celles des genres précédents ; mais son périanthe est court, relativement à son réceptacle allongé en forme d'un grand cornet conique au fond duquel se trouve d'abord caché le gynécée. Le fruit est néanmoins nu, parce que le périanthe se détache circulairement après la floraison, avec la partie supérieure du réceptacle ; et le pédicelle se renfle en une masse charnue et glandulifère, comme dans les *Alseodaphne* (fig. 245).

Dans les *Potameia* [1], autrefois mal connus, rapportés à tort à la famille des Protéacées [2], à cause sans doute du nombre quaternaire des pièces de leur périanthe et de leur androcée, et dont on ne connaît qu'une espèce [3], originaire de Madagascar, le fruit est également nu, sur un pédicelle non accru, comme celui des *Machilus*. Mais la fleur est construite sur le type binaire. Au pourtour de son réceptacle, concave mais peu profond, s'insèrent deux sépales opposés l'un à l'autre, puis, plus intérieurement, deux autres folioles, analogues aux premières pour la forme et pour la taille, et qui représentent la corolle. L'androcée est formé de deux étamines superposées aux sépales, et de deux autres, superposées aux pétales, toutes les quatre introrses, à deux logettes, à filets très-dilatés et comme pétaloïdes dans leur portion inférieure. Les deux étamines du troisième verticille sont accompagnées à leur base de deux glandes latérales ; mais elles demeurent stériles. Celles du quatrième verticille manquent presque toujours, ou ne sont représentées que par une très-courte languette stérile.

Aiouea tenella.

Fig. 245. Fruit.

II. SÉRIE DES CRYPTOCARYA.

Les *Cryptocarya* [4] ont des fleurs hermaphrodites, construites comme celles des Cannelliers, si l'on n'examine que leur portion supérieure,

1. Dup.-Th., *Gen. nov. madag.*, 16. — Endl., *Gen.*, 340 ; Suppl., IV, p. II, 81. — Meissn., in DC. *Prodr.*, XIV, 228. — H. Bn, in *Adansonia*, IX, fasc. 8.

2. Voy. p. 403.

3. *P. Thouarsii* Roem. et Sch., *Syst.*, III,

476. — *Cansjera madagascariensis* Spreng., *Syst.*, I, 453.

4. R. Br., *Prodr. Nov.-Holl.*, 402. — Nees, *Syst.*, 192, 205, 222, 675. — Endl., *Gen.*, n. 2036. — Meissn., *Prodr.*, 68, 507.

c'est-à-dire le même périanthe et le même androcée de douze étamines,
dont trois intérieures stériles, et neuf fertiles (six extérieures introrses,
et trois plus intérieures extrorses, pourvues de deux glandes basilaires
latérales). Mais leurs anthères sont biloculaires, et
leur réceptacle floral est beaucoup plus profond ; il a
la forme d'une bourse à parois épaisses, au fond de
laquelle s'insère le gynécée. Et quand celui-ci, semblable d'ailleurs à celui des *Cinnamomum*, se trans-
forme en un fruit monosperme, le réceptacle s'accroît encore en épaisseur et en hauteur ; de façon
qu'il enveloppe tout le fruit. Au sommet de l'ensemble (fig. 246), on aperçoit un orifice étroit, entouré des cicatrices du périanthe ; c'est ce qui arrive

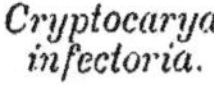

*Cryptocarya
infectoria.*

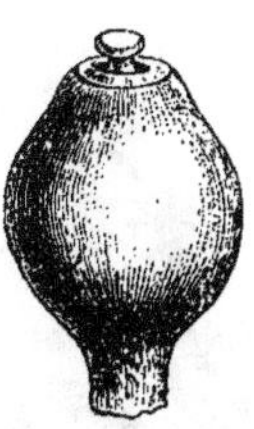

Fig. 246. Fruit ($\frac{2}{3}$).

dans les *Cryptocarya* proprement dits. Ou bien le périanthe persiste
jusqu'à la fin ; ce qui se voit dans les *Cyanodaphne* [1], dont on a voulu
faire un genre distinct. Ou encore le réceptacle accru est étroitement
appliqué et comme adné au péricarpe ; c'est ce qui caractérise les
Caryodaphne [2], élevés de même au rang de genre et dont nous ne
ferons également qu'une section du genre *Cryptocarya*. Ainsi composé [3], ce genre renferme des arbres et des arbustes, à feuilles alternes
et à fleurs disposées en grappes ramifiées de cymes, axillaires et terminales. Ils habitent les régions tropicales de toutes les parties du
monde ; des quarante-trois espèces connues [4], cinq ou six sont américaines.

Les *Boldu* [5] ont tout à fait les fleurs des *Cryptocarya* : même réceptacle et même périanthe, mêmes étamines, dont neuf fertiles et biloculaires ; même gynécée, inséré au fond du sac réceptaculaire. Mais ce
dernier, au lieu de s'épaissir, comme dans les *Cryptocarya*, devient
mince, sec et fragile. Aussi entoure-t-il d'abord le fruit d'un sac complet
et clos, couronné des cicatrices du périanthe. Mais il se brise sous le
moindre effort ; et c'est souvent le fruit lui-même qui, en grossissant,

1. Bl., *Mus. lugd.-bat.*, I, 333. — Meissn.,
Prodr., 76.

2. Bl., ex Nees, *Syst.*, 925. — Endl.,
Gen., n. 2037. — Meissn., *Prodr.*, 77.

3. *Cryptocarya* :

Sect. 3. { 1. *Eucryptocarya.*
2. *Cyanodaphne.*
3. *Caryodaphne.*

4. Wall., *Pl. as. rar.*, II, 64, 69. — Zoll.,
Verz., 113. — E. Mey., in *Pl. geogr.*, 77, 99,
176. — Bl., *Bijdr.*, 556, 557 ; *Mus. lugd.-bat.*,

I, 333, 834 ; *Rumphia*, I, t. 46 (*Dehaasia*). —
Miq., *Fl. ind.-bat.*, I, 920, 925, 926. — Thw.,
Enum. pl. Zeyl., 254. — A. Braun, in *Verh.
des Ver. z. Bef. d. Gartenb. in Preuss*, XXI,
11 (*Caryodaphne*). — Hook., *Journ.*, IV, 418.
— Meissn., in *Mart. Fl. bras.*, *Laurac.*, 163,
t. 56. — Walp., *Ann.*, I, 576 (*Oreodaphne*).

5. Feuill., *Hist.*, 11, t. 6. — Nees, *Syst.*,
122, 177. — Endl., *Gen.*, n. 2039. — Meissn.,
Prodr., 67, 506. — *Bellota* C. Gay, *Fl. chil.*,
V, 298, t. 59.

paraît le faire éclater et tomber, à une époque variable. On ne connaît que deux espèces [1] de *Boldu*, arbres du Chili, à feuilles opposées ou à peu près, à inflorescences axillaires, semblables à celles des *Cryptocarya*.

Les *Ravensara* [2] (fig. 247, 248) ont aussi la fleur [3] des *Cryptocarya*, avec un réceptacle qui s'épaissit, devient ligneux et entoure étroite-ment le fruit entièrement contenu dans sa cavité. Mais ce réceptacle pré-sente, en outre, une par-ticularité des plus remar-quables. Pendant que le fruit grossit dans son in-térieur, six fausses-cloi-sons, nées de la paroi in-terne de la poche récep-taculaire [4], se dirigent vers

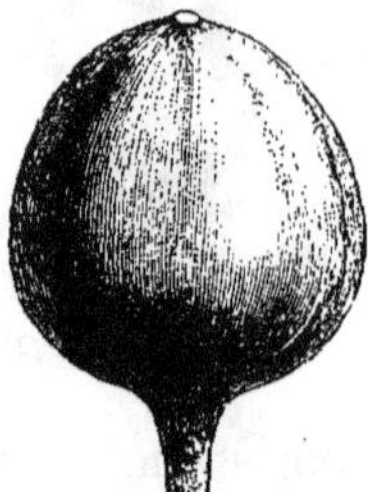

Ravensara aromatica.

Fig. 247. Fruit.　　Fig. 248. Fruit, coupe transversale.

son centre, où elles finissent par se rejoindre. Le péricarpe, les tégu-ments séminaux et l'embryon lui-même, pénétrés de dehors en de-dans et refoulés par ces cloisons, se déforment au point de se par-tager en six lobes dans presque toute leur hauteur. Près de leur sommet seulement, les cloisons ne se rejoignent pas [5] et laissent entière la portion de la graine qui répond à la tigelle, à la radicule et au point d'attache des cotylédons. Les *Ravensara* sont des arbres de Mada-gascar, à feuilles alternes et à inflorescences semblables à celles des *Cryptocarya* [6].

A côté de ces genres s'en placent quelques autres qui ont aussi la fleur des *Cryptocarya* et, autour du fruit, un réceptacle épaissi et persistant,

1. La plus connue est le *Boldu*, *Bellota* ou *Ulmo* des Chiliens, qui est le *B. chilanum* NEES (*Syst.*, 178, 672; — *Boldu arbor olivifera* FEUILL.; — *Boldus chilensis* MOLIN., *Chil.*, 158; — *Laurus Belloto* MIERS; — *Adenostemum nitidum* BERT. (nec PERS.). — *Bellota Miersii* C. GAY).

2. SONNER., *Voy. Ind. or.* (1782), II, 101, t. 103, fig. 2. — POIR., *Dict.*, VI, 81; *Ill.*, t. 825. — H. BN, in *Adansonia* IX, fasc. 8. — *Agathophyllum* J., *Gen.* (1789), 431. — SCHREB., *Gen.*, ed. 2, n. 1754. — NEES, *Syst.*, 192, 231. — ENDL., *Gen.*, n. 2038. — MEISSN., *Prodr.*, 109.

3. Les étamines y sont décrites comme qua-drilocellées par la plupart des auteurs, notam-ment par M. MEISSNER. Sur les fleurs que j'ai analysées, il n'y avait que deux loges.

4. Elles répondent à la ligne médiane des folioles du périanthe.

5. Elles sont là coupées obliquement de de-hors en dedans et de haut en bas. Ces mêmes cloisons manquent aussi inférieurement dans une très-petite étendue, répondant à l'insertion du fruit sur la base du réceptacle.

6. Des trois ou quatre espèces connues, la plus célèbre est le *Voaravendsara* de FLACOURT (*Hist. Madag.*, 125), le *Ravensara*, *Ravin-dzara* des indigènes, ou Epice de Madagascar. C'est le *L. aromatica* LAMK (*Dict.*, VI, 81; — PERS., *Syn.*, II, 1; — *Evodia Ravensara* GÆRTN., *Fruct.*, II, 101, t. 103; — LAMK, *Ill.*, t. 404, 825; — *Agathophyllum aromaticum* W., *Spec.*, II, 842; — POIR., *Dict.*, Suppl., IV, 656; — BL., *Mus. lugd.-bat.*, I, 339; — MEISSN., *Prodr.*, 110, n. 1).

non cloisonné, mais qui se distinguent par des caractères de détail
relatifs à la forme des portions du périanthe et du pédicelle qui persistent autour du péricarpe : ce sont les *Ampelodaphne*, les *Aydendron* et
les *Acrodiclidium*. Dans les deux derniers, les panneaux qui recouvrent
les logettes de l'anthère sont très-petits et tombent de très-bonne heure ;
si bien qu'on a pu croire que la déhiscence était poricide.

Les trois genres *Silvia*, *Endiandra* (fig. 249) et *Dictyodaphne* n'ont
plus que trois étamines fertiles : ce sont celles
de la troisième série ; leurs anthères sont extrorses. Les étamines extérieures subsistent, sous
forme d'écailles ou de petites masses glanduli-
formes, dans le dernier de ces genres.

Les *Misanteca* n'ont également que ces trois
étamines fertiles, mais elles sont monadelphes.
Les étamines extérieures sont stériles, peu développées ; et les fleurs sont réunies en capitules.

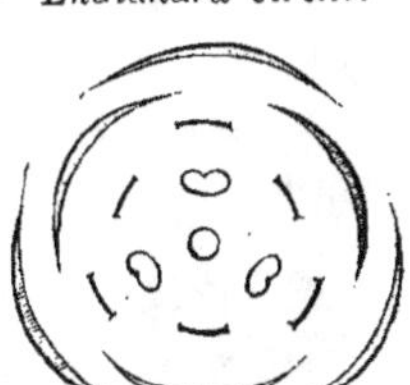

Endiandra virens.

Fig. 249. Diagramme.

Les *Bihania*, qui croissent à Bornéo, ont aussi neuf étamines stériles,
pétaloïdes, et trois étamines fertiles, extrorses, celles du troisième
verticille ; mais leurs anthères ont, dit-on, quatre logettes, au lieu
de deux.

Les anthères sont également quadrilocellaires dans les *Mespilodaphne;*
mais les neuf étamines extérieures sont fertiles, comme dans les
Oreodaphne; et le sac ligneux, plus ou moins profond, qui entoure le
fruit jusqu'à une hauteur variable, a un bord épais, tronqué, tantôt
simple et tantôt double. Les *Mespilodaphne* peuvent donc être considérés
comme des *Cryptocarya* dont les anthères s'ouvriraient par quatre
panneaux.

III. SÉRIE DES OCOTEA.

Les *Ocotea* [1] (fig. 250) ont à peu près la même organisation florale
que les *Cinnamomum*, et ils ne s'en distinguent que par un ensemble

1. AUBL., *Guian.*, II, 780.— J., *Gen.*, 80.
— NEES, *Syst.*, 354, 371 (part.). — ENDL.,
Gen., n. 2054. — *Oreodaphne* NEES, in *Lin-
næa*, VIII, 39 ; XXI, 515 ; *Syst.*, 350, 380
(part.). — ENDL., *Gen.*, n. 2052. — MEISSN.,
Prodr., III, 510. — *Petalanthera* NEES, *Syst.*,
342, 347.— ENDL., *Gen.*, n. 2046.— *Teleian-
dra* NEES, in *Linnæa*, VIII, 46 ; *Syst.*, 355. —
ENDL., *Gen.*, n. 2048.— *Evonymodaphne* NEES,
Syst., 244, 263. — ENDL., *Gen.*, n. 2041. —
Leptodaphne NEES, *Syst.*, 354, 359 (part.). —
ENDL., *Gen.*, n. 2049. — *Adenotrachelima,
Agriodaphne, Aperiphracta, Ceramocarpium,
Ceramophora* NEES (ex MEISSN., *loc. cit.*).

de caractères qui paraîtraient peu importants en eux-mêmes dans toute autre famille. Mais la réunion de ces caractères suffit, à la rigueur, à justifier pour eux l'établissement d'une série artificielle, utile surtout pour l'étude d'une famille aussi homogène. Le réceptacle concave, le périanthe, l'androcée et le gynécée sont, dans quelques-uns d'entre eux, analogues aux mêmes parties dans les *Cinnamomum*. Mais les staminodes (du quatrième verticille de l'androcée) sont totalement absents dans certaines espèces, ou, lorsqu'ils ne manquent pas tout à fait, sont réduits à de petites languettes sessiles. Les fleurs sont quelquefois hermaphrodites, mais plus souvent, presque toujours même, dioïques ou polygames. Le fruit est une baie qui repose sur la concavité plus ou moins marquée d'un réceptacle cupuliforme, à bords tronqués, qui peut bien entourer sa base, jusqu'au tiers même de sa hauteur, mais qui nel'enveloppe pas complétement (fig. 250). La graine est charnue, et son embryon est dépourvu d'albumen. Les *Ocotea* croissent dans les régions tropicales et soustropicales de l'Amérique, sauf quelques espèces, originaires de l'Afrique et des îles Canaries. Leurs feuilles sont alternes, ordinairement épaisses, coriaces, penninerves. Leurs fleurs sont petites, nombreuses, réunies, au sommet des branches ou dans l'aisselle des feuilles, en grappes ramifiées de cymes. On connaît actuellement cent cinquante espèces environ [1] de ce genre.

Ocotea fœtens.

Fig. 250. Fruit.

Nectandra leucantha.

Fig. 251. Étamine ($\frac{4}{7}$).

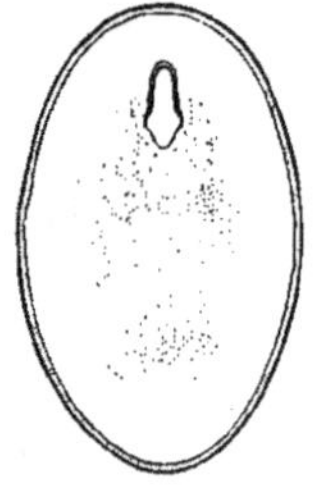

Nectandra Puchury major.

Fig. 252. Portion de l'embryon ($\frac{2}{3}$).

A côté des *Ocotea* se placent quelques genres qui n'en diffèrent que par des caractères de détail empruntés à la manière dont se comportent

1. MEISSN., *Prodr.*, 112-139; in *Mart. Fl. bras., Laurac.*, 103, t. 76-83 (*Oreodaphne*).

après la floraison, les pédicelles, le réceptacle et le périanthe : ce sont les *Strychnodaphne*, *Camphoromœa* et *Gymnobalanus*.

Avec la même organisation florale, les *Nectandra* (fig. 251, 252) se distinguent immédiatement par l'épaisseur de leur périanthe étalé, souvent presque charnu, et par la singulière conformation de leurs étamines dont les quatre logettes sont placées sur une même série presque horizontale ou arquée (fig. 251). Les *Pleurothyrium* et les *Dicypellium* (dont l'androcée fertile est encore inconnu) ne paraissent différer des *Nectandra* que par des caractères secondaires.

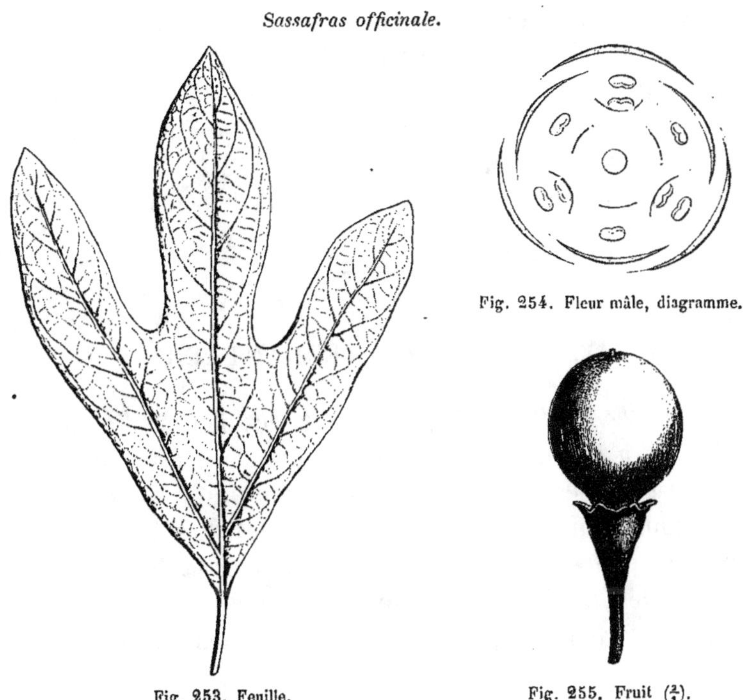

Sassafras officinale.

Fig. 254. Fleur mâle, diagramme.

Fig. 253. Feuille.

Fig. 255. Fruit ($\frac{2}{1}$).

Les *Synandrodaphne* peuvent être considérés comme des Ocotéées à étamines unies entre elles à la base. Les *Symphysodaphne* ont aussi un androcée monadelphe ; mais leurs étamines fertiles, unies en un tube au sommet duquel se trouvent les anthères, ne sont qu'au nombre de trois, comme dans les *Acrodiclidium* et les *Misanteca*.

Dans les *Sassafras* [1] (fig. 253-255), l'organisation générale est la

1. Bauh., *Pin.*, 481.   Ray, *Hist.*, 1568,   —Meissn., *Prodr.*, 170, 513.— *Evosmus* Nutt.,
— Nees, *Syst.*, 487. — Endl., *Gen.*, n. 2056.   *Gen. amer.*, I, 259.

même que dans les *Ocotea*, avec des fleurs dioïques ou polygames. Les étamines redeviennent libres; mais toutes ont leurs anthères quadrilocellées, introrses, et il n'y a pas d'étamines intérieures stériles. Le fruit (fig. 255) est presque nu, accompagné à sa base du périanthe persistant et du réceptacle surmontant un pédicelle dilaté en massue. Les feuilles (fig. 253) sont caduques, triplinerves, les unes entières, les autres lobées, polymorphes. Les inflorescences sont accompagnées de bractées écailleuses imbriquées qui les enveloppent complétement dans leur jeune âge. Il n'y a dans ce genre qu'une couple d'espèces, dont la plus célèbre est le Sassafras officinal [1], bel arbre de l'Amérique du Nord. Le genre *Sassafridium* [2] diffère du précédent, en ce que ses fleurs sont hermaphrodites et non diclines, en ce que le périanthe ne persiste pas à la base de son fruit, et en ce que trois staminodes se trouvent en dedans de ses neuf étamines fertiles. On n'en connaît qu'une espèce [3], appartenant à l'Amérique centrale.

Les *Gœppertia* sont des Ocotéées à anthères biloculaires.

IV. SÉRIE DES TETRANTHERA.

Les *Tetranthera* [4] (fig. 256, 257) ont des fleurs dioïques [5]. Leur périanthe est à six divisions, et leur androcée, stérile dans les fleurs femelles, est formé de neuf à douze étamines, insérées autour du gynécée rudimentaire, parfois tout à fait absent. Ces étamines s'ouvrent chacune par quatre panneaux intérieurs [6]. Dans la fleur femelle, il y a un gynécée fertile, formé d'un ovaire uniovulé, surmonté d'un style à tête stigmatifère dilatée, plus ou moins nettement lobée [7]. Le fruit est

1. *Sassaffras officinale* NEES, *Syst.*, 488. — *Laurus Sassafras* L., *Hort. Cliff.*, 154; *Mat. med.*, 108. — BLACKW., *Herb.*, t. 267. — NEES, *Pl. offic.*, t. 131. — HAYNE, *Arzn.*, 12, t. 19. — *Persea Sassaffras* SPRENG., *Syst.*, II, 270. — *Cornus mas odorata*, etc. PLUKN., *Almag.*, 222, t. 6. — CATESB., *Carol.*, I, 55, t. 55.

2. MEISSN., *Prodr.*, 171.

3. *S. veraguense* MEISSN., *loc. cit.*

4. JACQ., *Hort. schœnbr.*, I, 59, t. 113. — GÆRTN., *Fruct.*, III, 225, t. 122. — NEES, in *Wall. Pl. asiat. rar.*, II, 64; *Syst.*, 508. — ENDL., *Gen.*, n. 2059. — MEISSN., *Prodr.*, 177, 514. — *Litsœa* LAMK, *Dict.*, III, 574 (nec J.). — *Tomex* THUNB., *Fl. jap.*, 190.

— J., *Gen.*, 440. — *Sebifera* LOUR., *Fl. cochinch.*, ed. ulyssip. (1790), 637. — *Hexanthus* LOUR. *op. cit.* — *Fiwa* GMEL., *Syst.*, 745. — *Berrya* KLEIN (nec ROXB.). — ? *Glabraria* L., *Mantiss.*, 156. — SCHREB., *Gen.*, n. 1219 (ex MEISSN.).

5. Elles sont çà et là polygames.

6. D'après M. H. MOHL (in *Ann. sc. nat.*, sér. 2, III, 313), le pollen est sphérique, sans pores ni plis, dans le *T. macrophylla*, et sphérique, avec environ douze taches non granuleuses, dans le *Tomex tetranthera*, qui paraît appartenir à ce genre.

7. Les fleurs mâles et femelles sont assez souvent, dans les espèces cultivées, construites sur le type 4. Telle est celle dont le diagramme

une baie monosperme, portée sur la cupule réceptaculaire, peu concave, qui seule persiste à sa base, après la chute du périanthe. Dans certains *Tetranthera*, les étamines fertiles sont au nombre de douze à quinze ou dix-huit, et même de trente à trente-six. Dans ce cas, plus de trois d'entre elles, souvent même six, peuvent être munies de deux glandes basilaires latérales. Dans d'autres espèces, le réceptacle représente une coupe un peu plus élevée, à bords tronqués, ou même assez profonde pour cacher la moitié inférieure environ du fruit. On a fait pour ces dernières espèces un genre spécial, sous le nom de *Cylicodaphne*. Quant aux vrais *Tetranthera*, nous trouvons dans ce genre environ quatre-vingt-dix espèces. Ce sont des arbres ou des arbustes de l'Asie tropicale ou des régions océaniennes voisines ; quelques-unes sont australiennes ou américaines. Leurs feuilles sont alternes, ou rarement opposées, penninerves ; leurs fleurs sont réunies, au nombre de quatre au moins, en une petite ombelle, ou en un petit capitule que protége un involucre de quatre à six bractées imbriquées. Ces petites inflorescences sont pédonculées et nées, isolément ou en nombre variable, d'un petit bourgeon axillaire ; plus rarement réunies en une sorte de grappe ou de corymbe sur un axe commun dépourvu de feuilles.

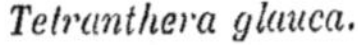

Tetranthera glauca.

Fig. 256. Fleur mâle ($\frac{4}{1}$).

A côté des *Tetranthera* et des *Cylicodaphne* se placent trois genres dont les fleurs sont très-analogues, mais sont renfermées dans un bourgeon écailleux. Elles y sont solitaires dans les *Dodecadenia*, et nombreuses dans les *Actinodaphne* et les *Litsœa*, dont les uns ont neuf étamines, les autres seulement de quatre à six.

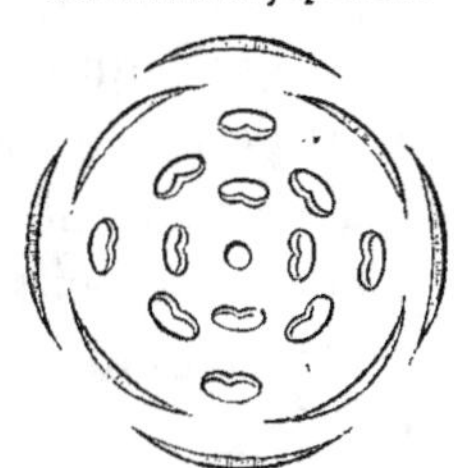

Tetranthera japonica.

Fig. 257. Fleur mâle tétramère, diagramme.

Les *Daphnidium* sont construits comme les *Actinodaphne ;* mais leurs étamines ont des anthères biloculaires. Il en est de même dans les quatre genres *Polyadenia*, *Aperula*, Benzoin et Laurier. Mais dans ceux-ci, les fleurs sont entourées, non pas des écailles d'un bourgeon, mais d'un involucre comparable à celui des *Tetranthera*. Dans les *Aperula*, il y a de six à neuf étamines fertiles ; et les intérieures, au nombre de deux à six, portent des glandes basilaires latérales. Dans les *Polyadenia*, toutes les étamines sont pourvues de ces glandes. Dans les Benzoins (*Lindera* [1]),

est représenté par la figure 257, et qui avait huit folioles au périanthe, avec douze étamines fertiles, toutes introrses, et un ovaire stérile.

1. THUNB., *Fl. jap.*, 9, 145, t. 21. — ENDL.,

dont une espèce américaine est depuis longtemps cultivée dans nos jardins, sous le nom de *Laurus Benzoin* [1], les fleurs (fig. 258–260) sont dioïques. Leur périanthe est formé de six folioles caduques. Leurs étamines, stériles dans les fleurs femelles (fig. 259, 260), sont au nombre

Lindera Benzoin.

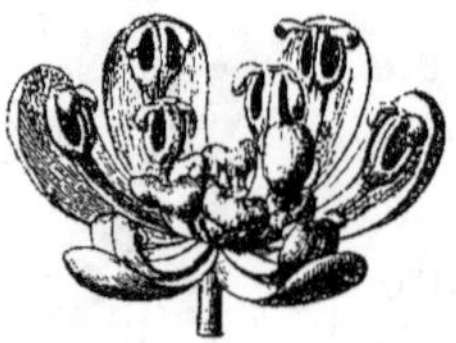

Fig. 258. Fleur mâle ($\frac{3}{1}$).

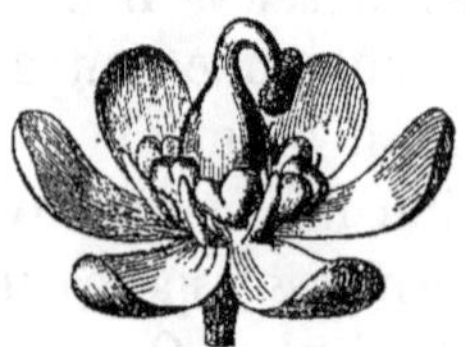

Fig. 259. Fleur femelle ($\frac{4}{1}$).

Fig. 260. Fleur femelle, coupe longitudinale.

de neuf, toutes fertiles, biloculaires et introrses. Il n'y a ordinairement que les trois intérieures qui soient pourvues de deux glandes latérales [2]. Le gynécée, rudimentaire dans la fleur mâle, est analogue à celui de toutes les Lauracées. Le style se dilate en une extrémité stigmatifère, souvent partagée en deux ou trois lobes. Le fruit est une baie, entourée à sa base d'une coupe à bords entiers ou découpés en six dents. On a décrit jusqu'à quinze espèces [3] de ce genre. Ce sont des arbres ou des arbustes de l'Asie tropicale, du Japon et de l'Amérique du Nord. Leurs feuilles sont alternes, caduques, et ne se développent souvent qu'après les fleurs. Celles-ci sont disposées, comme celles des genres précédents, en sortes d'ombelles qu'entoure un involucre de quatre bractées imbriquées.

Les Lauriers [4] proprement dits ne sont plus aujourd'hui qu'au nombre de deux espèces. La plus connue est le Laurier d'Apollon (fig. 261–263). Ses fleurs sont dioïques ou polygames. Le périanthe est formé de quatre [5] folioles, pétaloïdes et caduques. L'androcée des fleurs mâles ou herma-

Gen., n. 6848. — MEISSN., *Prodr.*, 243. — *Benzoin* NEES, in *Wall. Pl. asiat rar.*, II, 64, 63 ; *Syst.*, 486, 493.— ENDL., *Gen.*, n. 2057.

1. L., *Hort. Cliff.*, 134 ; *Spec.*, I, 580. — W., *Spec.*, II, 485.— PURSH, *Fl. Amer. sept.*, I, 276. — *L. pseudo-Benzoin* MICHX, *Fl. bor.-amer.*, I, 243. — *Evosmus Benzoin* NUTT., *Gen. amer.*, I, 259. — *Benzoin odoriferum* NEES, *Syst.*, 497. — *Lindera æstivalis* BL., *Mus. lugd.-bat.*, I, 324.— *L. Benzoin* MEISSN., *Prodr.*, 244, n. 1. — *Arbor virginiana citræ v. limoniifolia* COMMEL., *Hort. amst.*, I, 189, t. 197. — PLUKN., *Almag.*, 42, t. 139, fig. 3, 4.

2. Exceptionnellement les six intérieures.

3. WALT., *Carol.*, I, 134 (*Laurus*). — SIEB. et ZUCC.. in *Abh. Münch. Acad.*, IV, p. III, 205. — BL., *Mus. lugd.-bat.*, I, 324. — SIEB., *Pl. œcon.*, in *Verh. Bat. Gen.*, XII, 23 (*Sassafras*).

4. *Laurus* T., *Inst.*, 597, t. 367 (nec BURM.). — ADANS., *Fam. des pl.*, II, 433, (part.). — J., *Gen.*, 80 (part.). — GÆRTN., *Fruct.*, II, 68, t. 92. — LAMK, *Dict.*, III, 440, Suppl., III; *Ill.*, t. 321. — NEES, in *Wall. Pl. asiat. rar.*, II, 61 ; *Syst.*, 502, 579.— ENDL., *Gen.*, n. 2061. — MEISSN., *Prodr.*, 233, 258, 516.

5. Dans les plantes cultivées, le nombre des parties florales varie souvent beaucoup (de deux ou trois à sept ou huit).

phrodites se compose de huit à douze étamines. Toutes sont formées d'un filet libre et d'une anthère biloculaire, introrse, déhiscente par deux panneaux qui se relèvent. Les plus intérieures, au nombre de quatre à huit, sont pourvues de deux glandes latérales [1]. Dans les fleurs femelles, il n'y a ordinairement que quatre étamines au plus, stériles et alternes avec les divisions du périanthe. Le gynécée, stérile et peu développé dans les fleurs mâles, est construit comme celui de la plupart des Lauracées, et renferme un ovule descendant, anatrope, à micropyle placé contre le placenta [2]. Le fruit (fig. 262, 263) est une baie à la base de

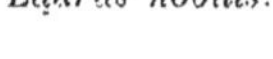

Laurus nobilis.

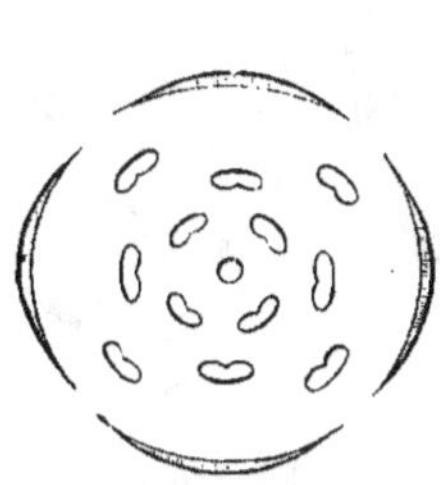

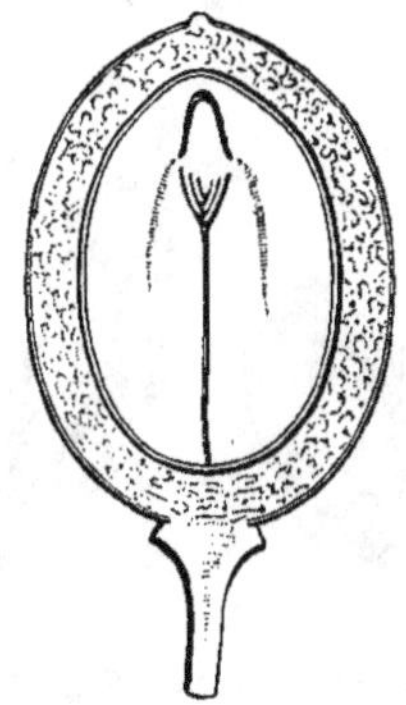

Fig. 262. Fruit ($\frac{2}{4}$).　　　Fig. 261. Fleur mâle,　　　Fig. 263. Fruit, coupe longitudinale.
　　　　　　　　　　　　　　　diagramme.

laquelle se voit la cicatrice du périanthe détaché ; elle renferme une graine à embryon épais, charnu, huileux [3]. Les Lauriers sont des arbres à feuilles persistantes, alternes. Leurs fleurs sont réunies en petites ombelles, enveloppées chacune d'un involucre formé de quelques bractées imbriquées, pédonculées et rapprochées en nombre variable sur un petit axe commun [4] qui occupe l'aisselle d'une feuille. Le Laurier d'Apollon [5]

1. J'ai vu fréquemment la disposition suivante des parties dans la fleur mâle : Le périanthe avait quatre folioles, et l'androcée se composait de huit étamines, dont quatre, superposées aux pièces du périanthe, étaient pourvues de glandes, et quatre, plus extérieures, alternes, sans glandes. Le pollen est globuleux, sans pores ni plis.

2. Il a deux enveloppes.

3. La radicule descend moins bas que les bases des cotylédons qui lui forment une sorte d'étui et ne permettent pas qu'on la voie à la surface de l'embryon (fig. 263).

4. Les fleurs femelles m'ont paru disposées sur un petit rameau axillaire, terminé par un bourgeon, et portant latéralement deux axes ter-

minés par un petit groupe de fleurs. Chacun de ces petits axes occupait l'aisselle d'une bractée insérée vers la base du petit rameau. Quand il n'y a qu'un axe secondaire, le bourgeon qui termine le rameau primaire paraît latéral. Dans les pieds mâles, la disposition générale de l'inflorescence est la même; mais les axes secondaires (qui portent les fleurs) sont plus nombreux (3-6) au-dessous du petit bourgeon terminal.

5. *Laurus nobilis* L., *Hort. Cliff.*, 155. — SCHKUHR, *Handb.*, t. 110. — HAYNE, *Arzn.*, 12, t. 18. — SIBTH., *Fl. græc.*, t. 365. — REICHB., *Icon.*, t. 673. — MEISSN., *Prodr.*, n. 1. — *L. vulgaris* BAUH., *Pin.*, 460. — DUHAM., *Arbr.*, t. 134, 135. — BLACKW., *Herb.*, t. 175.

paraît originaire de l'Asie Mineure ; l'autre espèce du genre, le *L. cana-riensis* [1], habite les îles occidentales du nord de l'Afrique.

V. SÉRIE DES CASSYTHA.

Les *Cassytha* [2] (fig. 264–268), qui forment seuls cette série, ont les fleurs hermaphrodites ou polygames, par avortement du gynécée. Le réceptacle a la forme d'une coupe, peu élevée dans ce dernier cas, beaucoup plus profonde dans les fleurs-bisexuées. Dans celles-ci, tandis

Cassytha filiformis.

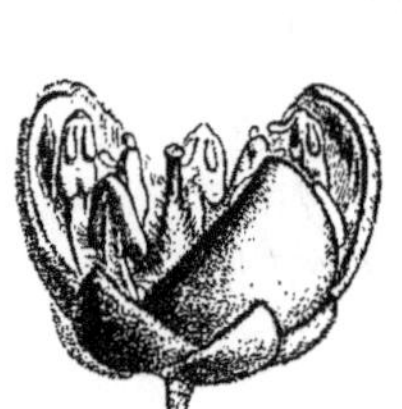

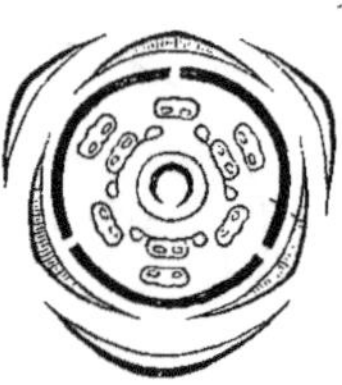
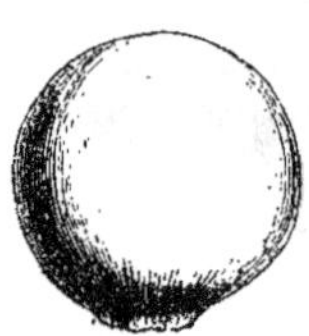
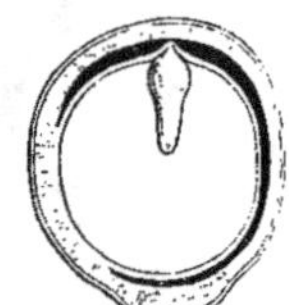

Fig. 264. Fleur (4/7). | Fig. 265. Fleur, coupe longitudinale. | Fig. 266. Diagramme. | Fig. 267. Fruit (3/1). | Fig. 268. Fruit, coupe longitudinale.

que son fond supporte le gynécée, ses bords donnent insertion au périanthe et à l'androcée. Il y a ici un calice et une corolle bien distincts : le premier, formé de trois petits sépales à bords amincis et valvaires ; la seconde, composée de trois pétales alternes, dont deux postérieurs, épais, un peu charnus, bien plus longs que les sépales, concaves en dedans, valvaires dans la préfloraison. L'androcée est formé de douze étamines, disposées sur quatre verticilles trimères ; les trois plus inté-rieures, superposées aux pétales, sont réduites à des languettes stériles. Les neuf autres ont un filet plus ou moins large, aplati et pétaloïde [3], et une anthère basifixe, à deux loges déhiscentes chacune par un

1. WEBB, *Phyt. canar.*, III, 229, t. 204 (nec W.).— MEISSN., *Prodr.*, n. 2.— *L. nobilis* CAV. (ex WEBB, nec L.). — *Persea azorica* SEUB., *Fl. azor.*, 29, t. 6.

2. L., *Gen.*, n. 505. — ADANS., *Fam. des pl.*, II, 284.— J., *Gen.*, 439.—GÆRTN., *Fruct.*, II, 133, t. 122.— LAMK, *Dict.*, I, 653 ; Suppl., II, 131 ; *Ill.*, t. 323.—NEES, in *Wall. Pl. asiat. rar.*, II, 61-69 ; *Syst.*, 641. — ENDL., *Gen.*, n. 2067.

— MEISSN., *Gen.*, 252, 516.— H. BN, in *Adansonia*, IX, fasc. 9. — *Calodium* LOUR., *Fl. cochinch.*, 247. — *Volutella* FORSK., *Fl. ægypt.-arab.*, 84.

3. Ce filet est pourvu de deux dilatations en forme d'oreillettes latérales ; dans l'échancrure que présentent en dessous ces dilatations, se logent les glandes latérales des étamines fertiles intérieures, qui font saillie vers le périanthe.

panneau qui se relève de bonne heure. Trois sont superposées aux
sépales ; elles sont les plus extérieures et les plus grandes de toutes ;
leurs anthères sont introrses, comme celles des trois étamines oppositi-
pétales, qui viennent ensuite et qui sont insérées sur la partie inférieure
des pièces mêmes de la corolle. Les étamines du troisième verticille sont
alternipétales ; leur anthère est extrorse, et la base de leur filet est munie
de deux glandes latérales. Le gynécée est libre ; il est construit comme
celui des Lauriers ; et l'ovule unique, anatrope, descendant, à micropyle
ramené en haut et sous le placenta, que contient son ovaire, est inséré
un peu au-dessous du sommet de la loge, en avant, c'est-à-dire en face
du pétale antérieur. Le fruit est un achaine à péricarpe mince ; il renferme une seule graine dont l'embryon charnu, épais, presque globuleux, est dépourvu d'albumen à l'âge adulte [1]. Après la floraison, le
réceptacle s'est accru en hauteur, en même temps qu'il s'épaississait ;
il enveloppe d'une couche continue (indusie) et charnue, à peu près
tout le fruit, qui se trouve surmonté des restes du périanthe et même de
l'androcée. Les *Cassytha* sont des herbes des pays chauds, dont les tiges,
grêles et cylindriques, analogues à celles de nos Cuscutes, s'attachent
par des suçoirs aux plantes voisines sur lesquelles elles vivent en parasites.
Aussi sont-elles dépourvues de feuilles, ou n'en ont-elles que des rudi-
ments, représentés par de petites bractées ou des écailles. Leurs fleurs
sont disposées en capitules, en épis, plus rarement en grappes. Chacune
d'elles est placée dans l'aisselle d'une bractée et accompagnée de deux
bractéoles latérales. Les fleurs supérieures ou intérieures de l'inflorescence sont ordinairement mâles, par avortement plus ou moins
complet du gynécée. On a admis dans ce genre une cinquantaine d'espèces [2] ; ce nombre doit vraisemblablement être réduit de moitié. Elles
ne manquent dans aucune des régions tropicales du globe.

VI. SÉRIE DES GYROCARPES.

Les Gyrocarpes [3] ont les fleurs régulières et polygames. Dans celles
qui sont hermaphrodites (les plus rares de toutes), on observe un récep-

---

1. Pendant longtemps l'albumen existe en
grande quantité dans la graine non mûre.

2. L., *Spec.*, 35. — Sch. et Thünn., *Beskr.*,
19². — R. Br., *Prodr. Nov. Holl.*, 404. —
Nees, in *Pl. Preiss.*, II, 619. — Hook., *Exot.
Fl.*, t. 167. — Wight, *Icon.*, t. 1847. —
Schltl, in *Linnœa*, XX, 578. — Walp., *Ann.*,
I, 574.

3. *Gyrocarpus* Jacq., *Amer.*, 282, t. 178,
fig. 80. — Gærtn., *Fruct.*, II, 92, t. 97. —
R. Brown, *Prodr.*, 404. — Bl., *Nov. fam
Expos.*, 15. — Nees, *Prog. Laur.*, 20 ; in *Wall*

tacle en forme de coupe profonde, dont la concavité loge l'ovaire, tandis que ses bords portent l'androcée et le périanthe. Celui-ci est formé de dix folioles au plus : cinq extérieures [1], valvaires, et cinq intérieures, alternes aux précédentes, analogues à elles comme forme, comme taille

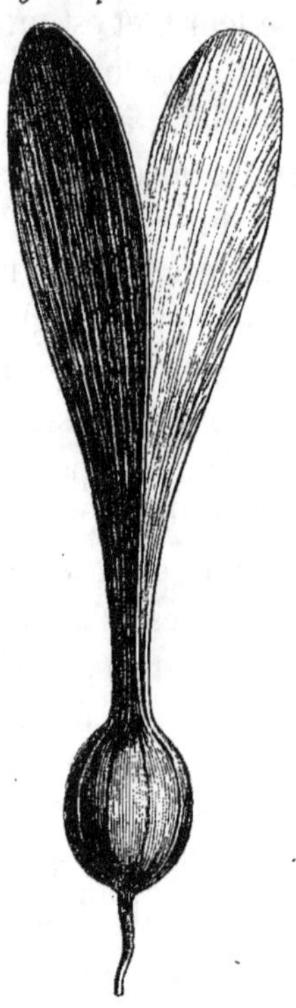

Gyrocarpus americanus.

Fig. 269. Fruit.

et comme consistance. Dans certaines fleurs, le nombre total de ces folioles n'est plus que de trois ou quatre. Les étamines sont parfois en même nombre que les pièces extérieures du périanthe, souvent en nombre moindre (stériles dans les fleurs femelles), accompagnées à leur base d'une ou de deux glandes allongées, de forme variable, formées d'un filet grêle, exsert, et d'un connectif renflé qui porte, en dedans ou sur les côtés, deux loges déhiscentes chacune par un panneau qui se relève. Le gynécée, rudimentaire dans les fleurs mâles [2], est composé d'un ovaire uniloculaire, contenant un seul ovule, inséré près du sommet, descendant, anatrope, à micropyle tourné en haut, contre le placenta; surmonté d'un style grêle, à extrémité stigmatifère plus ou moins dilatée. Le fruit (fig. 269) est une drupe, à mésocarpe mince, entourée du réceptacle et surmontée du périanthe dont presque toutes les folioles demeurent rudimentaires, tandis que deux d'entre elles se sont développées en longues ailes dressées, aplaties, membraneuses ou presque ligneuses, longuement atténuées à leur base. L'endocarpe ne renferme qu'une graine, dont l'embryon, dépourvu d'albumen, a une radicule conique supère et deux grands cotylédons foliacés, pétiolés, enroulés en spirale autour de la portion centrale de l'embryon. Les Gyrocarpes sont des arbres ou des arbustes, parfois grimpants, qui se trouvent dans presque tous les pays du globe. Leurs feuilles sont alternes, sans stipules, à limbe digitinerve, simple, lobé, ou composé-trifoliolé. Leurs fleurs sont disposées, dans l'aisselle des feuilles ou au sommet des rameaux, en grappes un grand nombre de

---

Pl. asiat. rar., II, 68 ; *Syst.*, 699. — ENDL., *Gen.*, n. 2068; *Iconogr.*, t. 43. — MEISSN., *Prodr.*, 247. — B. H., *Gen.*, 689, n. 14. — BN, in *Adansonia*, V, 187.

1. Deux d'entre elles sont déjà plus grandes que les autres lors de l'épanouissement ; ce sont celles qui doivent former les ailes du fruit.

2. Dans lesquelles le réceptacle est beaucoup moins concave que dans les fleurs à gynécée fertile.

fois ramifiées et composées de cymes. On en admet aujourd'hui cinq
ou six espèces [1], qui pourraient peut-être se réduire à une couple.

Les *Sparattanthelium* [2] sont très-voisins des *Gyrocarpus ;* ils s'en
distinguent par un périanthe à quatre ou six folioles caduques, quatre
ou six étamines valvicides et dépourvues de glandes basilaires. Le fruit
est dépourvu d'ailes. Les cinq ou six espèces connues [3] de ce genre
habitent l'Amérique tropicale.

VII. SÉRIE DES ILLIGERA.

Les *Illigera* [4] (fig. 270-272) ont les fleurs hermaphrodites et régulières.
Leur réceptacle a la forme d'une bourse profonde, dont la concavité loge

Illigera Coryzadenia.

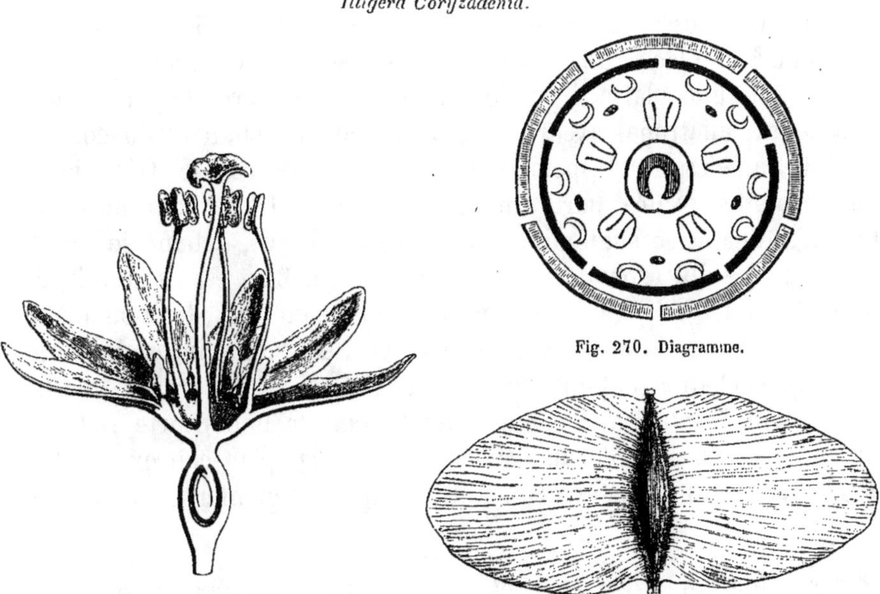

Fig. 270. Diagramme.

Fig. 271. Fleur, coupe longitudinale ($\frac{2}{4}$).

Fig. 272. Fruit.

l'ovaire ; après quoi il se rétrécit en un goulot étroit, traversé par le
style, pour se dilater supérieurement en une cupule dont les bords portent

1. W., *Spec.*, IV, 982.—R. Br., *Prodr.*, 404.
—Roxb., *Pl. coromand.*, I, 2, t. 1.— H. B. K.,
Nov. gen. et spec., VII, 493. — Pers., *Syn.*,
I, 145. — Miq., *Fl. ind.-bat.*, I, 977.— Thw.,
Enum. pl. Zeyl., 258.— Meissn., in *Mart. Fl.
bras.*, *Laurac.*, 290.
2. Mart., *Herb. Fl. bras.*, 280 ; in *Regensb.*

Bot. Zeit. (1841) ; *Beibl. Densk. d. Bot. Ges.
in Regensb.*, III, 298, t. 10, 11. — Endl.,
Gen., Suppl., II, 35, n. 2068. — Meissn.,
Prodr., 249.
3. Meissn., in *Mart. Fl. bras.*, *Laurac.*,
291, t. 106.
4. Bl., *Bijdr.*, 1153; *Nov. fam. Expos.*, 14;

le périanthe et l'androcée. Le premier est formé de deux verticilles de folioles, ordinairement pentamères, plus rarement tétramères, tous les deux disposés en préfloraison valvaire. Les folioles du verticille intérieur sont alternes avec celles du verticille extérieur, et elles ont à peu près la même épaisseur et la même consistance qu'elles [1]. L'androcée est formé de cinq étamines libres, superposées aux folioles du verticille extérieur. Elles ont un libre filet et une anthère biloculaire, introrse. Chacune des loges, appliquée sur la face latérale d'un connectif épais, s'ouvre dans tout son pourtour, sauf suivant son bord dorsal, lequel sert comme de gond au panneau de la loge qui se porte en dehors, et finit par s'étaler parallèlement au périanthe [2]. Dans l'intervalle des étamines et des folioles du périanthe intérieur, on observe deux ordres d'organes, savoir : cinq petites glandes alternes avec les étamines et un peu plus extérieures qu'elles; et dix cornets à ouverture obliquement tournée en dehors, superposés par paires aux folioles du verticille intérieur du périanthe [3] et placés un peu en dehors des cinq premières glandes. L'ovaire est uniloculaire; il contient un ovule, inséré près de son sommet, descendant, anatrope, avec le micropyle ramené en haut du côté du placenta, au-dessous du point d'attache [4]. De ce côté, le style allongé qui surmonte l'ovaire, porte un sillon longitudinal [5], et se termine par une large dilatation stigmatifère, concave en dessus, échancrée sur ses bords du côté qui répond au sillon du style. Le fruit est sec, étroit; en forme de fuseau allongé. Mais sa paroi se dilate en deux, trois ou quatre grandes ailes verticales, égales ou inégales, sèches, veinées. Le corps même de l'achaine contient, dans sa cavité étroite, une graine descendante, dont l'embryon, dépourvu d'albumen, a une courte radicule supère, rétractée, et d'épais cotylédons charnus, plan-convexes [6]. Les *Illigera* sont des arbustes grimpants, à tiges sarmenteuses, à feuilles

---

in *Ann. sc. nat.*, sér. 2, II, 96. — NEES, *Syst.*, 703. — ENDL., *Gen.*, n. 2069. — MEISSN., *Prodr.*, 250. — B. H., *Gen.*, 689, n. 13. — H. BN, in *Adansonia*, V, 186. — *Gronovia* BLANC., *Fl. de Filippin.*, 186 (nec L.). — *Henschelia* PRESL, *Rel. Hœnk.*, II, 84, t. 63. — ENDL., *Gen.*, n. 4705. — *Coryzadenia* GRIFF., *Posth. pap.*, IV, 356.

1. Les uns les considèrent comme formant un double calice; les autres, comme représentant un calice et une corolle. Cette dernière opinion est la plus vraisemblable, si l'on s'en rapporte à ce qui se passe dans les véritables Lauracées.

2. Le pollen est formé de grains globuleux, de grande dimension, dont la surface est hérissée de papilles coniques, à sommet souvent un peu mousse.

3. Ces cornets ont un bord coupé obliquement, soit d'avant en arrière, soit d'un côté à l'autre. Ils répondent probablement aux glandes qui, dans les *Gyrocarpus* et les Lauracées proprement dites, accompagnent la base des filets staminaux. Leur cavité sécrète un nectar visqueux.

4. Il a deux enveloppes.

5. Les bords de ce sillon sont rapprochés l'un de l'autre sans adhérence; on peut donc souvent étaler le style, qui est creux.

6. Quelquefois creusés d'un ou de quelques sillons irréguliers sur leur surface convexe.

alternes, composées-trifoliolées, les folioles étant elles-mêmes pétio-
lulées, entières et acuminées. Les fleurs sont disposées en longues
grappes lâches, ramifiées, composées de cymes, avec des ramifications
et des pédicelles situés dans l'aisselle de bractées plus ou moins étroites.
Chaque fleur est en outre accompagnée à sa base de deux ou trois
petites bractéoles. On connaît de ce genre une demi-douzaine d'espèces [1], toutes originaires de l'Asie tropicale et des îles de la Malaisie.

VIII. SÉRIE DES HERNANDIA.

Les *Hernandia* [2] (fig. 273-278), placés par la plupart des auteurs
dans un groupe éloigné de celui-ci, représentent, à notre sens [3],
le type dicline des *Illigera*. Leurs fleurs sont, en effet, monoïques.

Hernandia sonora.

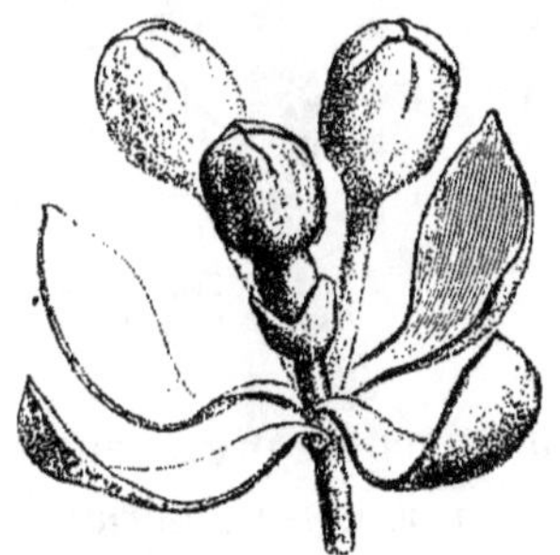

Fig. 273. Inflorescence (⅔).

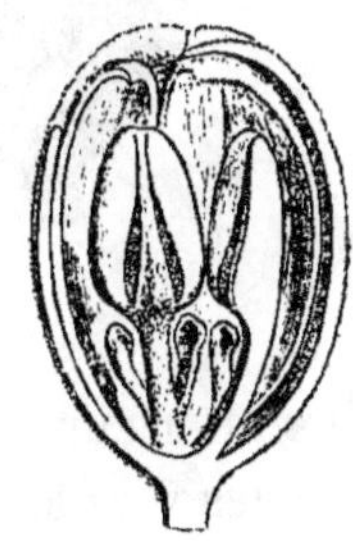

Fig. 274. Fleur mâle, coupe
longitudinale (⁴⁄₁).

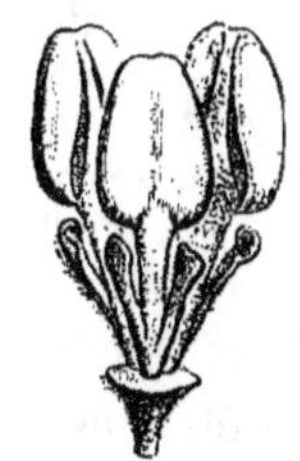

Fig. 275. Fleur mâle,
sans le périanthe.

Quelques-unes d'entre elles sont femelles et pentamères, tandis que
les autres sont mâles et tétramères, comme dans l'*H. Vieillardi* [4],
espèce de la Nouvelle-Calédonie. D'autres fois encore la fleur mâle est
construite sur le type ternaire, pendant que la fleur femelle est tétramère.

1. Span., in *Linnæa*, XV, 187. — Miq., *Fl.
ind.-bat.*, I, 1094; Suppl., I, 333, t. 1; in
Mus. lugd.-bat., II, 213.

2. Plum., *Gen.*, 6, t. 40. — L., *Gen.*, 374,
n. 925. — J., *Gen.*, 81. — Gærtn., *Fruct.*, I,
139, t. 40. — Lamk, *Dict.*, III, 122; Suppl., III,
146; *Ill.*, t. 755. — Endl., *Gen.*, n. 2108. —
Meissn., *Prodr.*, 262. — H. Bn, in *Adansonia*,
V, 188. — *Hernandiopsis* Meissn., *Prodr.*, 264.

3. Voy. *Adansonia*, loc. cit., 190.

4. *Hernandiopsis Vieillardi* Meissn., loc. cit.
— *Hernandia cordigera* Vieill., in *Ann. sc.
nat.*, sér. 4, XVI, 62. Cette espèce ne nous paraît pas devoir être séparée des autres *Hernandia*, à cause du nombre des parties de ses fleurs,
parce qu'elle a tout à fait la même organisation,
et çà et là des fleurs mâles trimères et des fleurs
femelles tétramères. Les mêmes nombres peuvent s'observer aussi dans les véritables *Hernandia*.

Dans ce dernier cas, la fleur femelle (fig. 276, 277) a un réceptacle en forme de gourde à goulot étroit, comme celui des *Illigera*; et l'on trouve, dans l'intérieur de sa cavité, un ovaire uniloculaire, contenant un ovule descendant, anatrope, avec le micropyle tourné en haut, contre le placenta[1]; l'ovaire porte un style épais, que parcourt un sillon longitudinal, du côté du placenta, et que surmonte une large tête stigmatifère, échancrée du côté du placenta. L'orifice du goulot réceptaculaire donne insertion à un périanthe à quatre folioles extérieures valvaires, épaisses

Hernandia sonora.

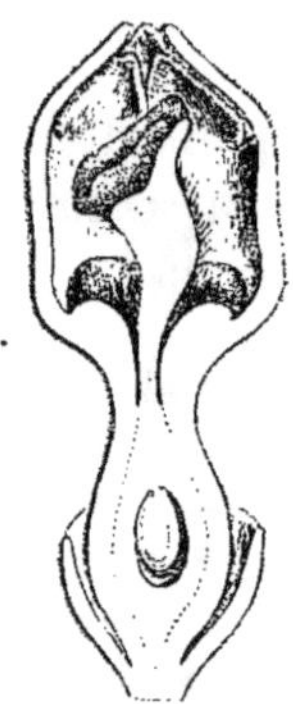

Fig. 276. Fleur femelle, coupe longitudinale ($\frac{3}{4}$).

Fig. 278. Fruit.

Fig. 277. Fleur femelle, sans le périanthe.

sur les bords. Les folioles intérieures, alternes avec les précédentes, sont plus étroites et plus amincies vers les bords. En dedans du périanthe, on voit un disque de quatre glandes superposées aux divisions extérieures du périanthe. Dans la fleur mâle (fig. 274, 275), le réceptacle est peu considérable, convexe; il supporte le double périanthe, puis trois étamines, superposées aux divisions extérieures et insérées au centre de la fleur; elles ont chacune un filet, libre ou à peu près, muni à sa base de deux glandes latérales, et une anthère basifixe, introrse, dont les deux loges, un peu latérales, s'ouvrent chacune par un panneau qui s'étale ensuite en demeurant fixé au connectif par son bord postérieur[2]. Le fruit (fig. 278) est une drupe peu charnue[3] et entourée du réceptacle floral, parcouru par

---

1. Il a deux enveloppes, très-longtemps distinctes dans l'*H. Vieillardi*.

2. Cette anthère est tout à fait construite comme celle des *Illigera* et s'ouvre de même. Les grains de pollen sont aussi des globes, d'un diamètre relativement considérable, chargés de papilles coniques; ici elles sont ordinairement très-aiguës.

3. Le sarcocarpe est cependant bien distinct du noyau ligneux.

des sillons longitudinaux [1], qui lui adhère en dehors [2] et porte à son sommet
la cicatrice du périanthe. Ce fruit est en outre induvié d'une sorte de sac
formé par l'involucre propre à la fleur femelle, dilaté, accru, finalement
presque vésiculeux, avec une ouverture supérieure étroite [3]. La graine
est grosse, renfermant sous ses téguments un épais embryon charnu,
sans albumen, à cotylédons hémisphériques ruminés. Les *Hernandia* sont
des arbres des régions tropicales de l'Asie, de l'Océanie et de l'Amérique.
Leurs feuilles sont alternes, simples, entières, pétiolées, parfois peltées.
Leurs fleurs sont réunies en grappes de cymes, axillaires ou terminales,
ordinairement renfermées au nombre de trois dans un involucre commun
formé de quatre bractées décussées. La fleur du milieu est ordinairement femelle, et les deux autres, mâles. Sous la fleur femelle se trouve
un involucelle spécial, en forme de coupe à quatre dents; c'est lui qui,
outre le réceptacle floral, forme plus tard l'induvie du fruit. Le genre
comprend six ou sept espèces distinctes [4].

Les anciens [5] ne connaissaient qu'une plante de cette famille, le
Laurus nobilis [6]. Toutes celles qui furent depuis décrites étaient consi-
dérées comme des Lauriers : tels étaient les arbres asiatiques qui don-
naient le camphre du Japon, la cannelle, et les espèces américaines,
telles que le Benzoin, le Sassafras. LINNÉ en connaissait douze qu'il
appelait des *Laurus ;* il avait aussi observé les *Cassytha*. ADANSON [7] ran-
geait les Lauriers à la fin de sa Famille des Pavots, après les *Berberis*, et
les *Cassytha*, sous le nom de *Rombut*, dans la famille des Garous
(*Thymeleæ*). A. L. DE JUSSIEU fit des Lauriers un Ordre particulier [8], dans
lequel il plaçait, à côté des *Laurus* de LINNÉ, l'*Ocotea* et les *Aiouea*

1. Ceux-ci, ordinairement au nombre de huit,
sont séparés les uns des autres par des côtes
saillantes. Inférieurement, sillons et côtes sont
recouverts d'une couche de tissu glanduleux qui
était plus prononcée à la surface des ovaires.

2. Sauf au sommet, où l'on voit le haut du
péricarpe, libre de toute adhérence et souvent
apiculé d'un reste du style durci.

3. Cette enveloppe surajoutée est, suivant
M. MEISSNER, formée par la base du calice.
« *Drupa calycis tubo membranaceo vesicæ-
formi apice truncato pervio inclusa.* » Mais
cette partie (qui est pour nous le sac réceptaculaire) s'applique étroitement contre le fruit
lui-même et devient dure ; tandis que la poche
vésiculeuse qui enveloppe tout le fruit naît plus
bas, sur le pédicelle floral lui-même, et n'a ja-
mais, à aucune époque, d'adhérence avec le
fruit.

4. JACQ., *Amer.*, 245. — AUBL., *Guian.*, II,
848, t. 329. — BL., *Bijdr.*, 550. — WIGHT,
Icon., t. 1855.— SICKM., *Diss. Herb. amboin.*,
in *Linnæi Amœn. acad.*, IV, 125.— GUILLEM.,
in *Ann. sc. nat.*, sér. 2, VII, 189. — MIQ., *Fl.
ind.-bat.*, I, 887. — THW., *Enum. pl. Zeyl.*,
258. — GRISEB., *Pl. Wright.*, 188.

5. NEES D'ESENBECK a donné, dans son *Systema* (679), l'histoire de cette famille.

6. Voy. p. 443, note 5.

7. *Fam. des pl.*, II, 284, 433 (1763).

8. *Gen.* (1789), 80, Ord. IV.

qu'AUBLET venait de faire connaître [1], et comme *genera affinia*, les Muscadiers (*Myristica* et *Virola*), avec l'*Hernandia* de PLUMIER. Il laissait parmi les *genera incertæ sedis* [2], le *Ravensara* (*Agathophyllum*), le *Cassytha*, le *Lindera* et le *Tomex* de THUNBERG [3] (*Tetranthera*), le *Gyrocarpus* de JACQUIN [4], et le *Licaria* d'AUBLET [5]. Le *Peumus* de MOLINA [6] (*Boldu*) était indiqué par lui comme allié au *Rubentia* et à l'*Elæodendron orientale* JACQ. Après JUSSIEU, R. BROWN [7], étudiant spécialement les Lauracées australiennes, établit les deux genres *Endiandra* et *Cryptocarya*. BLUME [8] reconnut aussi deux genres nouveaux, *Haasia* et *Caryodaphne*, en étudiant les Lauracées qui croissent à Java. CHAMISSO et DE SCHLECHTENDAL venaient encore d'observer [9], parmi celles qui sont originaires du Mexique, le curieux type *Misanteca*, dont les fleurs sont disposées en faux-capitules, lorsque NEES d'ESENBECK publia ses travaux spéciaux sur cette importante famille.

C'est en 1836 qu'après plusieurs publications préparatoires [10], parut le *Systema Laurinarum* [11] de cet auteur. Les Lauracées y étaient partagées en treize tribus [12] ; et vingt-huit genres nouveaux y étaient créés, sous les noms de *Phœbe*, *Apollonias*, *Alseodaphne*, *Hufelandia*, *Beilschmiedia*, *Cecidodaphne*, *Mespilodaphne*, *Aydendron*, *Evonymodaphne*, *Acrodiclidium*, *Dicypellium*, *Petalanthera*, *Pleurothyrium*, *Teleiandra*, *Leptodaphne*, *Gœppertia*, *Oreodaphne*, *Strychnodaphne*, *Camphoromœa*, *Gymnobalanus*, *Sassafras*, *Benzoin*, *Cylicodaphne*, *Polyadenia*, *Lepidadenia*, *Dodecadenia*, *Actinodaphne*, *Daphnidium*; en même temps que NEES faisait entrer dans cette famille ou rétablissait comme genres des types autrefois confondus avec le *Laurus*, tels que le *Cinnamomum* de BURMANN [13], le *Camphora* de BAUHIN [14], le *Persea* de GÆRTNER [15], le *Machilus* de RUMPHIUS [16], le *Nectandra* de ROLANDER [17], le *Tetranthera* de JACQUIN [18] et le *Litsæa* de JUSSIEU [19]. En tenant compte des

1. *Guian.*, I, 310 ; II, 780 (1775).
2. *Op. cit.*, 429, 431, 439, 440.
3. *Fl. jap.*, 190 (1784).
4. *Amer.*, 282 (1763).
5. *L. guianensis* AUBL., *Guian.*, I, 313, t. 21. — NEES, *Syst.*, 344, 658. — MEISSN., *Prodr.*, 259, n. 16. Cet arbre, dont on ne connaît que les feuilles, ne peut jusqu'ici être rapporté avec certitude à aucune des Lauracées plus complétement décrites par les auteurs.
6. *Chil.*, éd. GERM., 160, 311 (part.). Les véritables *Peumus* sont des Monimiacées (voy. *Hist. des pl.*, I, 298, 339).
7. *Prodr. Fl. Nov.-Holl.*, 402 (1810).
8. Ex NEES, *Syst.* (1836).
9. In *Linnæa*, VI (1831), 367.

10. In *Wall. Pl. asiat. rar.*, II (1831), 56 ; *Laur. disp. Progr.*
11. Berol. (1836) 8, IX, 720 p.
12. 1. *Cinnamomeæ*; 2. *Camphoreæ*; 3. *Phœbeæ* ; 4. *Perseeæ*; 5. *Cryptocaryeæ*; 6. *Acrodiclidia* ; 7. *Nectandreæ* ; 8. *Dicypellieæ*; 9. *Oreodaphneæ*; 10. *Flavifloræ*; 11. *Daphnidia* ; 12. *Cassytheæ*.
13. *Thes. zeyl.* (1737), 62.
14. *Pinax* (1623), 500.
15. *Fruct.*, III (1805), 222.
16. *Herb. amboin.*, III (1750), 70.
17. Ex ROTTB., in *Act. litt. hafn.*, I (1778), 279.
18. *Hort. schœnbr.*, I (1797), 59.
19. In *Dict. sc. nat.*, XXVII (1823), 79.

doubles emplois, les genres [1] qui constituaient alors la famille des Lauracées, se montaient donc au nombre de trente-quatre. Après Nees, une douzaine seulement de types génériques furent ajoutés aux Lauracées proprement dites. Blume proposa en 1850 [2] les genres *Aperula*, *Dictyodaphne* et *Notaphœbe*. Les trois genres *Symphysodaphne*, *Silvia* et *Nesodaphne* venaient d'être établis par A. Richard, MM. Allemão et J. Hooker, lorsque M. Meissner, reprenant en 1864, pour le *Prodromus* [3] de De Candolle, l'étude de la famille des Lauracées, et en décrivant en détail toutes les espèces, non-seulement adopta la plupart des genres de Nees, mais encore en fit quatre nouveaux, sous les noms d'*Ampelodaphne*, *Bihania*, *Sassafridium* et *Synandrodaphne*. Le nombre total des types génériques conservés par nous parmi les Lauracées proprement dites se trouvait alors de quarante-six. Nous venons [4] d'y joindre le *Potameia* de Dupetit-Thouars [5], jusqu'à ce jour attribué à la famille des Protéacées.

En même temps deux petits groupes considérés par plusieurs auteurs comme des familles distinctes, les Gyrocarpées [6] et les Illigérées [7], ont été joints par d'autres, notamment par R. Brown et Nees, aux Lauracées. De Martius décrivit en 1837 [8] un genre très-analogue aux *Gyrocarpus*, mais dont le fruit n'est pas ailé ; il le nomma *Sparattanthelium*. Les *Hernandia* [9], dont on avait fait aussi le type d'une petite famille distincte [10], ont été en 1864 signalés par nous [11] comme représentant simplement un type dicline, amoindri, des *Illigera ;* nous en avons fait une série particulière de la famille des Lauracées, qui dès lors se trouve formée, pour nous, de cinquante et un genres, non compris ceux qui sont mal connus ou qui n'appartiennent qu'avec doute à ce groupe naturel [12]. Le

---

1. C'est-à-dire ceux seulement que nous conservons comme suffisamment distincts, et sans nous occuper ici des synonymes.

2. *Mus. lugd.-bat.*, I, 270, 328, 365.

3. XV, 1-260 ; 503-516, Ordo CLXII. *Lauraceæ*.

4. In *Adansonia*, IX (1870), 241. Voy. pp. 403, 434, 472.

5. *Nov. gen. madag.* (1806), n. 16.

6. Dumort., *Anal. fam.*, 14.—Nees, *Progr.*, 20. — Endl., *Gen.*, 324, Ordo CVII. — Meissn., *Prodr.*, 245 (subord. II et trib. V Laurac.).

7. Bl., *Nov. fam. Expos.*, 12 ; in *Ann. sc. nat.*, sér. 2, II, 96. — Nees, *Syst.*, 695. — *Illigeraceæ* Lindl., *Nat. Syst.*, ed. 2, 202.

8. *Herb. Fl. bras.*, 280 ; in *Regensb. Bot. Zeit.* (1841).

9. Plum., *Gen.*, 6, t. 40 (1703).

10. *Hernandieæ* Bl., *Bijdr.*, 550 ; *Nov. fam. Expos.* (1833) ; in *Ann. sc. nat.*, sér. 2, II, 89. — Lindl., *Nat. Syst.*, ed. 1, 76. — *Hernandiaceæ* Dumort., *Anal. fam.*, 14, 16. — Lindl., *op. cit.*, ed. 2, 195.

11. In *Adansonia*, V, 188 (1864).

12. Savoir : 1. *Adenostemum* Pers., *Syn.*, I, 467. C'est le *Gomortega* de Ruiz et Pavon, qui est une Monimiacée (voy. *Hist. des pl.*, I, 323). — 2. *Bistania* Noronh., in *Verh. Bat. Gen. van Kunst. en Wet.*, V, 64 ; Hassk., *Relat. pl. Noronh.*, 5 ; Meissn., *Prodr.*, 259, n. 21.— 3. *Chibæa* Bert., ex Rosenth., *Syn. pl. diaphor.*, 238 (Lauracea austro-africana indescr.). — 4. *Christmannia* Dennst. (Rheede, *Hort. malab.*, IV, t. 50), Lauracée d'après Rosenth., *op. cit.*, 1066. — 5. *Dendrodaphne* Beurl., *Prim. Fl. portobellens.*, in *Act. Acad. succ.*, 145 ; Meissn., *Prodr.*, 259, n. 17. — 6. *Icosandra*

nombre des espèces connues, évalué en 1846 à 450 par Lindley, et à 700 par Nees, s'est élevé à 1050, en 1864, dans la Monographie de M. Meissner.

Leur distribution géographique avait déjà été étudiée par Nees[1], qui les partageait en orientales et en occidentales, rapportant au premier de ces deux groupes ses Cinnamomées, Camphorées, Daphnidiées et Tétranthérées, et au second ses Acrodiclidiées, Nectandrées, Dicypelliées, Flaviflores, Oréodaphnées et Persées. Il remarquait toutefois que quelques-unes de ses Oréodaphnées et Persées, telles que les *Haasia*, les *Machilus* et les *Alseodaphne*, appartenaient aux régions orientales, et que les Endiandrées, telles qu'il les limitait, partant de l'orient, leur véritable patrie, s'étendaient à l'occident jusqu'en Amérique; en même temps que les Phœbéées, quoique principalement américaines, allaient, à l'est, représentées par certains *Apollonias*, jusque dans l'Inde et les îles Canaries. De même, parmi les Tétranthérées, essentiellement orientales, le *Laurus nobilis* se répandait en Europe jusqu'à l'occident de la région méditerranéenne. D'autres Tétranthérées avaient été observées au Mexique et dans les pays voisins. Nous savons aujourd'hui que l'*Oreodaphne californica* Hook. et Arn. est aussi une Tétranthérée. En somme, les grandes divisions adoptées par Nees ont cessé d'être absolues; on leur connaît un bon nombre d'exceptions. Cependant cette classification n'est pas inutile, et elle est ordinairement vraie d'une manière générale. La région orientale a pour limites, au nord de l'équateur, 25° 30′, quoique les Lauracées se trouvent encore au delà, mais en diminuant beaucoup de nombre, jusqu'au 40° degré. Au sud, elle s'étend jusqu'à Van-Diemen. Dans la région occidentale, les bornes sont, aussi bien au sud qu'au nord de l'équateur, le 35° degré de latitude. Dans notre hémisphère, le *Laurus nobilis* L. remonte jusqu'au 45° degré au moins. Au sud, dans l'Afrique occidentale, les *Oreodaphne* et les *Apollonias*, et, vers la côte orientale, les Phœbéées, Persées, Cryptocaryées et Oréodaphnées représentent la famille à Madagascar, aux îles Mascareignes et jusqu'au

Philipp., in *Linnæa*, XXIX, 39; Meissn., *Prodr.*, 506. Genre à fleurs pentamères et à androcée icosandre, d'ailleurs construit comme les *Boldu*, dont il pourrait bien être une forme exceptionnelle (?). L'*I. rufescens* Philipp., seule espèce connue, est chilienne. — 7. *Licaria* Aubl. (voy. p. 452, note 4). — 8. *Linharia* Arrud., *Dissert.* (1810), ex Koster, *Voyag. Brés.*, éd. franç., II, 429, dont deux espèces (*L. tinctoria* et *aromatica* Arrud.) sont indiquées comme utiles, mais n'ont pas été décrites. — 9. *Me-*

nestrata Velloz., *Fl. flum.*, V, t. 2; Meissn., *Prodr.*, 259, n. 20. Le *M. racemosa* Velloz. est rapporté avec doute par de Martius aux *Ocotea* (*Oreodaphne*), et par M. Meissner aux *Persea lævigata* ou *pirifolia*. — 10. *Septina* Noronh., *loc. cit.*; Meissn., *Prodr.*, 259; Hassk., *loc. cit.*, 5.

1. *Op. cit.*, 683. Voyez aussi les tableaux annexés au texte de cet ouvrage, et qui indiquent avec détail l'aire de chacun des types connus à cette époque.

cap de Bonne-Espérance.[1]. Aujourd'hui qu'un plus grand nombre de types génériques sont connus, on peut établir de la façon suivante leur distribution géographique. Sur les 47 genres conservés parmi les Lauracées proprement dites, 22 sont exclusivement américains, et 19 n'ont été observés que dans l'ancien monde. Toutes les Cinnamomées sont spéciales à ce dernier, sauf les deux genres *Persea* et *Phœbe*, qui se retrouvent aussi en Amérique. Dans le groupe des Cryptocaryées, le *Cryptocarya* est seul commun aux deux mondes. Tous les autres genres sont bornés à l'Amérique, sauf les trois genres : *Endiandra*, *Dictyodaphne*, *Bihania*, qui sont asiatiques ou océaniens, et le *Ravensara*, qui est de Madagascar. Tous les genres de la série des Ocotéées sont au contraire américains : le genre *Ocotea* seul se retrouve, mais relativement peu riche en espèces, en Afrique et à Madagascar. Par contre, toutes les Tétranthérées sont originaires de l'ancien monde, sauf quelques espèces du grand genre *Tetranthera*, qui croît dans toutes les parties chaudes du globe. Il résulte de ce qui précède que six genres seulement sont communs à l'ancien et au nouveau monde : ce sont les *Cryptocarya*, *Ocotea*, *Persea*, *Phœbe*, *Lindera* et *Tetranthera*. Dans l'Europe, on ne trouve qu'une seule espèce du genre *Laurus*. Dans l'est de l'Amérique boréale, à part deux ou trois espèces appartenant à d'autres genres plus méridionaux, on ne trouve que des *Lindera* et des *Sassafras*. Quelques genres, formés d'une seule ou d'un petit nombre d'espèces, sont bornés à une aire géographique fort étroite. Tels sont les *Silvia* et *Dicypellium*, genres monotypes et brésiliens ; le *Misanteca*, dont l'unique espèce est mexicaine ; le *Sassafridium*, observé seulement à Costa-Rica et à Veraguas ; le *Boldu*, au Chili ; le *Sassafras officinale* de l'Amérique du Nord, le *Bihania* de Bornéo ; le *Symphysodaphne*, dont on ne connaît qu'une espèce aux Antilles. Parmi les genres à espèces peu nombreuses, on ne connaît de *Nesodaphne* qu'à la Nouvelle-Zélande, d'*Ampelodaphne* et de *Pleurothyrium* que dans une région étroite de l'Amérique tropicale, de *Ravensara* qu'à Madagascar. La flore du Japon et celle de l'Amérique du Nord se partagent le genre *Lindera*. Quant aux espèces, sur un millier environ, il y en a un peu plus de cinq cents en Amérique, et presque autant dans l'ancien monde ; le partage se trouve donc à peu près égal.

---

1. NEES (*op. cit.*, 688) indique, comme cela a été fait pour d'autres familles, par des proportions, le nombre relatif de Lauracées qui appartiennent à chaque pays. Ces nombres sont :

Asie tropicale : $\dfrac{169}{6000} = \dfrac{1}{35,5}$; Amérique tropicale : $\dfrac{185}{13000} = \dfrac{1}{68,78}$; Amérique extratropicale : $\dfrac{11}{3000} = \dfrac{1}{272,72}$; Australie : $\dfrac{10}{4000}$; Europe : $\dfrac{1}{7000}$.

Les autres Lauracées, celles des séries des Illigérées, Gyrocarpées, Cassythées et Hernandiées, comprenant ensemble une cinquantaine d'espèces, ne modifient guère cette proportion. Elles n'habitent que des régions chaudes. Sur sept *Hernandia*, trois sont américains; de même les cinq espèces de *Sparattanthelium* et l'un des cinq *Gyrocarpus* décrits. Un seul *Cassytha* paraît américain; les vingt-huit autres espèces admises sont de l'ancien monde; la plupart appartiennent à l'Australie. Sur 1050 Lauracées, nombre total, l'Amérique en posséderait donc environ 530.

Toutes ces plantes ont des caractères communs, savoir : l'absence des stipules, la régularité de la fleur; la concavité du réceptacle, entraînant la périgynie plus ou moins prononcée du périanthe et de l'androcée; l'existence d'un périanthe double, la déhiscence des anthères par des panneaux; la présence dans l'ovaire d'un seul ovule, anatrope et descendant, avec le micropyle ramené en haut et en dedans sous le point d'attache; le fruit indéhiscent et monosperme, et l'absence d'albumen dans la graine adulte. Ce sont là les traits généraux qui appartiennent jusqu'ici d'une manière absolue à la famille.

Ceux qui varient sont, au contraire, la disposition des feuilles, tantôt alternes, tantôt, mais plus rarement, opposées. Ces feuilles sont ordinairement simples, mais quelquefois composées. Leur nervation n'est pas toujours la même, souvent pennée, plus rarement palminerve, du moins à la base du limbe. Très-fréquemment les feuilles sont épaisses, persistantes [1], plus rarement caduques, remplacées dans les *Cassytha* par de petites écailles insérées sur des tiges parasites, filiformes, fixées par des suçoirs aux plantes voisines. Les fleurs sont tantôt en grappes ou en épis simples, tantôt, et bien plus fréquemment, en cymes ou en grappes ramifiées de cymes. Le réceptacle floral varie beaucoup de profondeur; rarement convexe, plus souvent plan ou peu concave, très-fréquemment creusé en sac ou en bourse profonde qui porte sur ses bords le périanthe et l'androcée. Tantôt ce sac s'accroît et

---

1. Dans plusieurs genres (*Cinnamomum*, *Mespilodaphne*, *Ocotea*, *Phœbe*, etc.), on observe dans l'aisselle des nervures secondaires, principalement de celles qui sont voisines de la base du limbe, des saillies plus ou moins prononcées auxquelles correspond sur la face inférieure une dépression ou une sorte de pore, souvent tapissé de duvet. Ces cavités servent d'asile à de petites larves d'insectes auxquelles on a attribué la production de ces fossettes. Cette opinion ne nous paraît pas acceptable, parce que nous avons vu ces dépressions déjà indiquées dans de très-jeunes feuilles de Camphrier, alors qu'elles étaient encore enveloppées dans les bourgeons, et que leur surface n'avait reçu le contact d'aucun animal. Mais il n'est pas impossible que le grand développement que prennent quelquefois (comme dans les *Ocotea bullata*, *fœtens*, etc.) ces cavités, soit dû précisément à la présence des animaux qu'on y rencontre si souvent.

persiste à la base ou autour du fruit qu'il peut même envelopper tout entier; tantôt, au contraire, il se sépare plus ou moins tard du pédicelle, soit par sa base, soit à un niveau variable, entraînant avec lui le périanthe. L'induvie qu'il peut former autour du fruit a donc une hauteur fort inégale; sa consistance même varie, le plus souvent sèche ou ligneuse, exceptionnellement charnue, comme dans les *Cassytha*. Les fleurs sont ordinairement construites sur le type 3; mais les types 2, 4 et 5 s'observent çà et là. L'androcée est formé d'un seul et, bien plus ordinairement, de plusieurs verticilles; on en compte fréquemment quatre, dont les pièces alternent entre elles. Certaines étamines sont introrses et d'autres extrorses; certaines sont pourvues de glandes latérales, et d'autres en manquent totalement. Les panneaux de déhiscence sont au nombre de deux ou de quatre; ici introrses, et là extrorses. Certaines étamines peuvent être stériles; et, lorsqu'elles avortent toutes, les fleurs peuvent devenir diclines. Le style varie de forme dans son extrémité stigmatifère, et le pédicelle floral demeure souvent cylindrique au-dessous du fruit, tandis que, dans d'autres cas, il se dilate plus ou moins en massue. Tels sont les caractères variables qui servent à fonder des coupes en genres ou en séries dans la famille. Rappelons d'une manière générale sur quels traits différentiels repose l'établissement de ces dernières [1]. Nous admettons, comme on l'a vu, les huit suivantes :

I. CINNAMOMÉES. — Fleurs ordinairement hermaphrodites, à quatre verticilles d'étamines; celles des deux verticilles extérieurs fertiles et introrses; celles du troisième verticille fertiles, extrorses, 2-glanduleuses; celles du quatrième verticille stériles. Fruit supère, nu ou ceint à la base du réceptacle, mais non enclos dans sa cavité. Arbres à feuilles persistantes. Bourgeons à écailles incomplètes.

II. CRYPTOCARYÉES. — Fleurs ordinairement hermaphrodites. Androcée généralement semblable à celui des Cinnamomées, rarement réduit à 3-6 étamines. Fruit en totalité ou en très-grande partie renfermé dans la concavité sacciforme du réceptacle accru. Arbres à feuilles et à bourgeons comme dans les Cryptocaryées.

III. OCOTÉES. — Fleurs ordinairement diclines, souvent dioïques (très-rarement bisexuées), à trois verticilles d'étamines fertiles, celles du verticille intérieur extrorses et 2-glanduleuses. Étamines stériles du quatrième verticille, nulles ou peu développées, sessiles. Fruit supère,

<hr>

1. Rappelons combien ces divisions sont artificielles, surtout pour certaines séries comme celles des Ocotéees, que nous n'admettons que pour rendre plus facile l'étude de cette famille si naturelle. Il n'y a pas entre elles une seule différence absolument constante.

nu, ou entouré à sa base (mais non inclus) du réceptacle persistant
en partie ou en totalité. Arbres à feuilles alternes, rarement caduques.

IV. Tétranthérées. — Fleurs ordinairement diclines, dioïques (rarement bisexuées), disposées en inflorescences ombelliformes ou gloméru-
liformes, protégées primitivement par un involucre de bractées imbriquées ou d'écailles gemmaires plurisériées. Étamines généralement toutes
fertiles dans les fleurs mâles, et à panneaux introrses. Plantes ligneuses,
à feuilles persistantes ou caduques.

V. Cassythées. — Fleurs hermaphrodites ou polygames, à réceptacle
très-concave, persistant et devenant charnu autour du fruit inclus.
Androcée formé de trois verticilles d'étamines fertiles, les intérieures
extrorses et 2-glanduleuses. Herbes parasites, aphylles, à tige filiforme
volubile, fixée par des suçoirs. Fleurs disposées en épis ou en grappes.

VI. Gyrocarpées. — Fleurs polygames, à réceptacle concave persistant.
Fruit infère, induvié. Embryon à cotylédons plissés ou convolutés en
spirale autour de la tigelle. Plantes ligneuses, dressées ou grimpantes,
à feuilles digitinerves, entières ou lobées.

VII. Illigérées. — Fleurs ordinairement hermaphrodites, à réceptacle
en forme de bourse à ouverture étroite. Androcée isostémoné. Fruit
induvié du réceptacle pourvu d'ailes verticales. Embryon charnu, épais,
non convoluté. Plantes ligneuses grimpantes, à feuilles composées-
digitées.

VIII. Hernandiées. — Fleurs monoïques, à périanthe double. Fleurs
mâles isostémones. Fleur femelle à ovaire infère, entourée d'un involucre propre, accru autour du fruit induvié. Fleurs des deux sexes réunies
au nombre de trois (une femelle et deux mâles) dans un involucre
commun, formé de quatre bractées imbriquées. Arbres à feuilles simples,
alternes.

On voit par là que ceux des caractères variables sur lesquels sont
fondées ces coupes, sont relatifs à la disposition des pièces de l'androcée,
à leur nombre, à celui des staminodes, à la configuration du réceptacle
et à sa manière d'être après la floraison, quelquefois même aux feuilles
et aux tiges. Les autres caractères inconstants ne sont donc réservés qu'à
la distinction des genres entre eux. Quant aux différences observées dans
les organes de la végétation, elles répondent quelquefois à des dissem-
blances histologiques; mais peut-être aussi ces dernières tiennent-elles
à une manière de vivre particulière, comme est le parasitisme des *Cassytha*. Dans ces plantes, les tiges ne renferment pas toujours des trachées centrales; et les vaisseaux ponctués, mélangés de fibres, qu'on

trouve au niveau du bois [1], sont entourés d'une écorce formée de liber, d'un parenchyme cortical gorgé de chromule et d'un épiderme parsemé de stomates disposés en séries linéaires [2]. Dans la plupart des Lauracées arborescentes, on a [3] au contraire noté depuis longtemps, que le canal médullaire des tiges est ample ou de médiocre largeur, et qu'il diminue plus ou moins rapidement par le progrès de l'âge; que les fibres ligneuses sont rudes et pâles, entremêlées de larges vaisseaux poreux; que l'écorce jeune est souvent chargée de lenticelles, et qu'à partir d'une certaine époque, elle présente, dans le *Sassafras*, par exemple, des fentes dirigées suivant la longueur et la largeur. Quand l'épiderme jeune est couvert de poils, ceux-ci sont assez rigides et simples [4]. Le parenchyme cortical renferme ordinairement, dans les espèces aromatiques, de grands réservoirs à huile essentielle, soit vers la périphérie, soit, en même temps, vers les parties profondes de cette zone. On retrouve ces réservoirs à contenu jaunâtre, dans la moelle où abondent souvent les cellules scléreuses, isolées ou groupées en masses et criblées de nombreux canaux à orifices parfois aréolés. Des cristaux et des raphides s'observent fréquemment dans la moelle, plus rarement dans l'écorce, dont la couche libérienne est à peu près constamment partagée en faisceaux isolés les uns des autres par des rentrées alternantes de la couche herbacée.

AFFINITÉS. — Elles se tirent facilement des caractères que nous venons d'exposer, et de ceux que nous avons précédemment [5] attribués aux Monimiacées. Pour nous, les Lauracées, ayant un gynécée constamment réduit à un seul carpelle, sont aux Monimiacées ce que les Prunées et les Alchimilles sont aux autres Rosacées. Aussi les Lauracées ont-elles, plus ou moins fréquemment, les feuilles opposées, sans stipules, les organes aromatiques, le réceptacle floral concave, et les anthères à panneaux des Monimiacées. Elles se rapprochent en même temps beaucoup des Protéacées et des Élæagnacées, entre lesquelles nous les plaçons, comme l'ont fait la plupart des auteurs; presque tous ont aussi noté

---

1. DECNE, in *Ann. sc. nat.*, sér. 3, V, 247.

2. « L'ensemble général de la coupe de la tige d'un *Cassytha* offre donc la plus grande analogie avec celle d'une jeune racine de plante monocotylédonée. » (DECNE, *loc. cit.*) M. CHATIN a repris (*Anat. comp. des végét.*, II, 27, t. 5, 6) l'étude histologique de ces tiges; il n'a vu de trachées que dans un petit nombre d'espèces de *Cassytha*, et n'a pas constaté leur présence dans les tiges des *C. Casuarinæ* et *filiformis*. Il décrit les suçoirs comme formant un cône perforant cellulaire, dans l'épaisseur duquel descend « un cône de renforcement », formé de fibres, et, plus rarement, de vaisseaux. Pour cet auteur, contrairement aux conclusions du travail de M. DECAISNE, le caractère particulier des *Cassytha* est « le manque habituel de vaisseaux spiraux dans la tige ».

3. NEES, *Syst. Laur.*, 6.

4. « *Pili, si adsint, simplices.* » (MEISSN., *Prodr.*, 2.)

5. *Hist. des plantes*, I, 333.

leurs affinités avec certaines Berbéridacées et avec les Myristicacées dont on a fait autrefois des Lauracées [1]. Par les Gyrocarpées, Illigérées et Hernandiées, elles affectent plutôt une certaine ressemblance, à notre sens, que de véritables liens de parenté, avec les Alangiées, Nyssées et Combrétacées ; quelques auteurs [2] ont même fait rentrer dans cette dernière famille les *Illigera*, *Gyrocarpus* et *Sparattanthelium*. Il y a d'ailleurs beaucoup de groupes naturels, très-éloignés les uns des autres par leurs types les plus parfaits, qui semblent ainsi se rapprocher indifféremment les uns des autres par les genres à structure peu compliquée et à organisation, pour ainsi dire, amoindrie et dégénérée [3].

Les Lauracées sont essentiellement des plantes aromatiques [4] ; c'est là un de leurs caractères très-généraux, sinon absolument constants. Leurs feuilles et leur écorce sont souvent parsemées de réservoirs pellucides et punctiformes, gorgés d'huile essentielle, odorante et volatile ; ou bien leur bois lui-même est tout imprégné de substances analogues, aromatiques ou camphrées. Le genre *Cinnamomum* est le plus riche de tous en espèces recherchées pour ces propriétés ; c'est lui qui fournit à la fois le camphre du Japon et les différentes cannelles [5]. Le Camphrier proprement dit est le *Cinnamomum Camphora* [6], dont le type et les principales formes ou variétés [7] contiennent, dans leur tige, leurs branches et leur racine, le camphre, qu'on en extrait en distillant avec de l'eau ces parties réduites en éclats, dans de vastes cucurbites de fer [8]. Le camphre purifié s'emploie fréquemment en médecine comme sédatif, antiputride, résolutif, anaphrodisiaque, etc. On attribue encore la pro-

1. « *Laurineæ* sunt *Daphnoideis, Proteaceis, Santalaceis* cet. florum evolutione analogæ, *Terebinthaceis* infimis fere collaterales, affinitate *Anacardiaceis* proximæ et harum formam inferiorem monochlamydeam constituentes. » (J. G. Agardh, *Theor. Syst. plant.*, 285.)

2. Lindl., *Veg. Kingd.*, 718.— B. H., *Gen.*, 689.

3. Voy. H. Bn, *Rech. sur l'*Aucuba *et sur ses rapports avec les genres analogues* (in *Adansonia*, V, 179).

4. « Cortice foliisque aromaticis v. camphorat Laurineæ pleræque pollent. » (Endl., *Gen.*, 316.)

5. Endl., *Enchirid.*, 200. — Lindl., *Veg. Kingd.*, 536. — Guib., *Drog. simpl.*, éd. 6, II, 388. — Rosenth., *Syn. pl. diaphor.*, 228.

6. Voy. p. 431, notes 8, 9 ; 432, fig. 244.

— Guib., *op. cit.*, 411. — Pereira, *Elem. Mat. med.*, II, p, I, 448. — Lindl., *Fl. med.*, 332. — Rosenth., *op. cit.*, 231.

7. M. Meissner admet, outre le type, les trois suivantes : 1. *glaucescens* (*C. Camphora*, var. *procera* Bl.;—*Camphora pseudo-Sassafras* Miq.; — *Persea pseudo-Sassafras* Zell.) ; 2. *rotundata* ; 3. *cuneata*. Plusieurs autres *Cinnamomum* contiennent du camphre, et Leschenault dit même qu'on en retire dans l'Inde des racines et des tiges âgées du *C. zeylanicum*.

8. Geoffr., *Mat. med.*, IV, 21 (ex Guib., *op. cit.*, 411). — Proust, in *Ann. Chim.*, IV, 189.— Clémandot, in *Journ. pharm.*, III, 353. Ces auteurs ont traité des procédés employés par les Hollandais pour raffiner le camphre et lui donner la forme de larges pains à demi transparents.

duction du camphre à quelques espèces voisines, comme le *C. Parthenoxylon*[1] et le *C. glanduliferum*[2], qui croissent, l'un à Java et à Sumatra, l'autre dans l'Inde orientale. Les cannelles sont les écorces de plusieurs *Cinnamomum* à feuilles opposées et très-aromatiques. On place en première ligne dans le commerce celles qu'on distingue par les noms de cannelle de Ceylan et de cannelle de Chine. La première est fournie par le *C. zeylanicum*[3] (fig. 240-243), et la seconde par le *C. Cassia*[4]. On détache avec des couteaux, sur les branches suffisamment âgées[5], l'écorce, qui forme ainsi des tubes enroulés et fendus dans leur longueur, convenablement séchés au soleil[6]. Celle des menus rameaux est distillée pour la fabrication de l'huile volatile de cannelle qui se trouve dans le commerce. Une autre huile analogue s'extrait aussi par distillation des fleurs et des jeunes fruits[7] du *C. zeylanicum*. Le *Cassia lignea* des officines paraît être l'écorce plus épaisse des tiges ou des branches âgées[8]. En outre, les feuilles de plusieurs *Cinnamomum* étaient autrefois employées en médecine, sous le nom de *Malabathrum*[9]. Il y a encore des cannelles de qualité inférieure, fournies dans l'Inde, à Java, etc., par d'autres *Cinnamomum*, comme les *C. Sintok*[10], *Burmanni*[11], *iners*[12], *multiflorum*[13], *javanicum*[14], etc.[15]. Quelques *Litsæa* donnent aussi,

1. MEISSN., *Prodr.*, n. 52. — *Laurus porrecta* ROXB. — *L. Parthenoxylon* JACK. — *Camphora Parthenoxylon* NEES. — *Sassafras Parthenoxylon* NEES. — *Parthenoxylon porrectum* BL. — *Cayoo-gaddus* MARSD., *Hist. Sumatr.*, 129 (ex ROXB.). Le *Parthenoxylon pruinosum* BL. en est une variété.

2. MEISSN., *Prodr.*, n. 47. — *Laurus glandulifera* WALL. — *Camphora glandulifera* NEES.

3. Voy. p. 430, note 1. — GUIB., *loc. cit.*

4. BL., *Bijdr.*, 570.— NEES et EBERM., *Med. pharm. Bot.*, II, 424. — HAYNE, *Arzn.*, 12, t. 23.—GUIB., *loc. cit.*, 404. — *C. aromaticum* NEES, in *Wall. Pl. as. rar.*, II, 74. — *Laurus Cinnamomum* ANDR. (nec *Auctt.*). — *Laurus Malabathrum* REINW. (ex BL., nec *alior.*). — *Persea Cassia* SPRENG., *Syst.*, II, 267.

5. Depuis l'âge de cinq à six ans, jusqu'à celui de trente ans environ. La récolte se fait deux fois par an, d'avril en août, et de novembre en janvier. (Voy. ENDL., *Enchirid.*, 201, pour les détails curieux de cette exploitation.)

6. Dans la cannelle de Ceylan, les tubes d'écorce sont insérés les uns dans les autres ; ce qui n'arrive pas dans les morceaux plus courts de la cannelle de Chine.

7. *Flores Cassiæ, clavelli cinnamomei* (Off.). Voy. GUIB., *loc. cit.*, 404.

8. GUIB., *loc. cit.*, 407.

9. GUIBOURT (*loc. cit.*, 408) attribue ces feuilles au *C. Malabathrum* BATK. et au *C. iners* BL., qui appartiennent à une seule et même espèce (voy. notes 12, 13).

10. BL., *Bijdr.*, 571. — MEISSN., *Prodr.*, n. 8. — *Sintoc, Sendoc* ou *Sintuk* des habitants d'Amboine et de Java.

11. BL., *Bijdr.*, 569. — MEISSN., *Prodr.*, n. 17. — *C. dulce* NEES. — *Laurus dulcis* ROXB. — *L. Burmanni* NEES.

12. REINW., ex BL., *Bijdr.*, 570.—MEISSN., *Prodr.*, n. 26. — *C. Malabathrum* BATK., in *Nov. Act. Acad. Leop.*, XVII, 2, 618, t. 45.— *C. nitidum* HOOK., *Exot. Fl.*, t. 176.— *C. Capparu-coronde* BL. (?)

13. WIGHT, *Icon.*, t. 131.—MEISSN., *Prodr.*, n. 14. — *Laurus multiflora* ROXB. (ex WIGHT).

14. BL., *Bijdr.*, 170 ; in *Rumphia*, 42, t. 19. —MEISSN., *Prodr.*, n. 1.—*C. neglectum* BL., in *Rumphia*, 38. — *Laurus Malabathrum* BURM. (nec *alior.*).— *Melastoma Reinwardtianum* BL., *Bijdr.*, 1069. — *Syndok boom* HOUTT., *Nat. Hist.*, II, 337.

15. Voy. ROSENTH. (*Syn. pl. diaphor.*, 229), qui cite les *C. Loureirii* NEES, *Tamala* NEES, *aromaticum* NEES, *obtusifolium* NEES, *daphnoides* SIEB. et ZUCC., *pedunculatum* NEES, etc., comme donnant aussi des écorces usitées. La cannelle de Cayenne provient du *C. zeylanicum*, introduit et cultivé à la Guyane.

dit-on, de la cannelle[1]. C'est encore au genre *Cinnamomum* que se rapportent les écorces odorantes dites de *Sindoc*[2], de *Culilawan*[3], ou cannelle-giroflée de l'Inde[4], et de *Massoy*, de la Nouvelle-Guinée[5]. La véritable cannelle-giroflée est celle du Brésil, qui provient du *Dicypellium caryophyllatum*[6].

La plus aromatique de toutes les Lauracées paraît être le *Ravensara* de Madagascar[7]. Son écorce, ses feuilles, ont une forte odeur de girofle; ce parfum est surtout développé dans ses fruits, qui, enveloppés de leur réceptacle cloisonné, constituent l'épice de Madagascar ou les noix de Ravensara ou de Girofle (fig. 247, 248), très-usitées comme aromate à Madagascar et quelquefois importées en Europe. Le *Casca pretiosa* les Brésiliens est l'écorce odorante du *Mespilodaphne pretiosa*[8]. Le bois aromatique dit bois d'Anis ou de Sassafras de l'Orénoque, est celui, dit-on, de l'*Ocotea cymbarum*[9]; on a attribué[10] au même arbre l'écorce de *Pichurim*[11] de l'Amérique tropicale. Quant à la semence ou graine *Pichurim*[12] du même pays, elle consiste dans l'embryon, plus ou moins entier (fig. 252) de deux espèces du genre *Nectandra*. On en distingue

1. GUIBOURT rapporte notamment au *L. zeylanica* celle qu'on nomme *Dawel-coronde* (Cannellier-tambour, à cause de l'usage de son bois).

2. Mentionnée par RUMPHIUS, qui la dit différente du *Culilawan*, quoique le vulgaire la confonde avec lui. Elle paraît, en effet, provenir du *Cinnamomum Sintoc* BL. (p. 461, note 11).

3. Du malais *Kulit-lawang* (GUIBOURT, *loc. cit.*, 409). Elle vient du *Cinnamomum Culilawan* BL., *Bijdr.*, 571. — MEISSN., *Prodr.*, n. 11. — *C. Cutlitlawan* HAYNE, *Arzn.*, 12, t. 24.— *Laurus Culilaban* L.— *L. Cassia*, var. *Culilaban* LAMK, *Dict.*, III, 444. — *L. Culilawang* NEES. — *Cœlit-lawan-boom* VALENT., *Amb.*, III, 210. C'est le *Cortex caryophylloides albus* de RUMPHIUS (*Herb. amboin.*, II, 65, t. 14).

4. Sous ce nom on confond avec la vraie écorce de *Culilawan* (*C. verus*), celle du *C. rubrum* BL., qui est aussi une écorce aromatique à odeur de girofle et qui est d'un rouge-cannelle foncé. Le *Culilawan* des Papous a une odeur analogue; mais son liber est brunâtre. On le rapporte au *C. xanthoneuron* BL. (ROSENTH., *op. cit.*, 229).

5. Attribué au *C. Kiamis* NEES (*C. Burmanni* BL. ?), et prescrit souvent comme tonique, antidiarrhéique, à Java et dans les pays voisins, de même que beaucoup d'autres écorces caryophyllées analogues à la cannelle.

6. Voy. p. 478, n. 32, not. 5, 6. GUIB., *loc. cit.*, 396. — MART., *Fl. bras, Laurac.*, 316. C'est l'*Imyra quiynha* du Para et l'*Espingo* des habitants de Maynas. On l'emploie en médecine comme stimulant, et dans l'économie domestique, comme aromatique.

7. *Ravensara aromatica* SONNER., *Voy.*, II, 226. t. 127. — POIR., *Dict.*, VI, 81. — H. BN, in *Adansonia*, IX, fasc. 9.— *Evodia aromatica* LAMK, *Dict.*, VI, 81. — PERS., *Syn.*, II, 1. — *E. Ravensara* GÆRTN., *Fruct.*, II, 101, t. 103. — *Agathophyllum aromaticum* W., *Spec.*, II, 842. — POIR., *Dict.*, Suppl., IV, 656.— LAMK, *Ill.*, t. 825. — NEES, *Syst.*, 232. — MEISSN., *Prodr.*, 110, n. 1. — GUIB., *Drog. simpl.*, éd. 6, II, 398. — ROSENTH., *op. cit.*, 232. — *Ravin-dzara*, *Ravensara* des indigènes.

8. NEES, in *Linnœa*, VIII, 45; *Syst. Laur.*, 237.— *Cryptocarya pretiosa* MART.— H. B. K., *Nov. gen. et spec.*, VII, 192, t. 645. — GUIB., *op. cit.*, 399. — *Canelilla, Pao pretiosa, Pereiora* des Brésiliens. C'est une substance très-aromatique, qui est employée au traitement des catarrhes, des hydropisies, des affections rhumatismales, syphilitiques, etc. (voy. MART., *Fl. bras., Laurac.*, 317;— BUCHN., in *Rep. Pharm.*, XXXI, 356). On trouve dans l'ouvrage de MARTIUS (311-314) une énumération complète des noms indigènes de toutes les Lauracées employées en médecine et dans l'économie domestique.

9. GUIB., *op. cit.*, 392.

10. GUIB., *op. cit.*, 393.

11. MURRAY (*App. med.*, IV, 554) la regardait comme l'écorce des arbres qui portent les fèves Pichurim.

12. GUIB., *loc. cit.*, 393.— MART., *loc. cit.*, 317.

une grande ou vraie [1], et une bâtarde ou petite [2], fournies, dit-on, l'une par le *Nectandra* (?) *Puchury major* [3], et l'autre par le *N.* (?) *P. minor* [4]; on les employait aussi autrefois comme aromates. Tel est encore chez nous l'usage, dans les préparations culinaires, du Laurier d'Apollon [5], dont les fruits [6] donnent par la distillation un mélange d'huiles employé en médecine comme aromatique et stimulant [7]. Dans le Sassafras [8], de l'Amérique du Nord, c'est principalement le bois qu'on recherche comme médicament aromatique, sudorifique et dépuratif. L'écorce serait cependant plus active [9]. Des aromes variés se retrouvent dans l'écorce, le bois ou les fruits d'un grand nombre d'autres Lauracées, des genres *Aydendron* [10], *Acrodiclidium* [11], *Nectandra* [12],

1. Grande *Puchury*, de la même forme que l'embryon du *Laurus nobilis*, mais plus volumineuse (27 à 45 millimètres de long, sur 14 à 20 millimètres de large).

2. Plus courte et plus ramassée (20 à 34 millimètres, sur 14 à 20 millimètres).

3. NEES, *Syst.*, 328. — MEISSN., *Prodr.*, 156, n. 30; in *Mart. Fl. bras.*, *Laurac.*, 265, t. 95. — *Puchury*, *Picheri*, *Puchyry* des Brésiliens.

4. NEES, *Syst.*, 336. — MEISSN., *Prodr.*, n. 69. — *Ocotea Puchury minor* MART., *Fl. Bras.*, *Laurac.*, 277, t. 101. — BUCHN., *Rep.*, XXXV, 72.

5. Voy. p. 443, fig. 261-263, not. 5.—GUIB., *op. cit.*,388.—PEREIRA, *Elem. Mat. med.*, ed. 4, II, p. I, 463. — LINDL., *Fl. med.*, 340. — NEES et EBERM., *Handb.*, II, 416; *Pl. med.*, t. 132. — ROSENTH., *op. cit.*, 236. — H. BN, in *Dict. encycl. des sc. médic.*, sér. 2, II, 28.

6. *Baccœ Laureœ* ou *B. Lauri* Off. (voy. fig. 262, 263). L'arbre, fréquemment cultivé dans nos jardins, s'appelle Laurier franc, L. à jambons, L. commun, L. sauce.

7. L'huile du péricarpe est principalement volatile, aromatique, et celle de l'embryon grasse et fixe. Ce mélange entre dans la composition de plusieurs onguents médicinaux, du baume de Fioravanti, etc.

8. Voy. p. 439, fig. 253-255, note 1. — GUIB., *loc. cit.*, 390. — PEREIRA, *op. cit.*, II, p. I, 462. — NEES et EBERM., *Handb.*, II, 418; *Pl. med.*, t. 131. — MICHX, *Fl. bor.-amer.*, I, 244; *Arbr. for.*, III, 173, t. 1. — LINDL., *Fl. med.*, 338. — ROSENTH., *op. cit.*, 235.

9. GUIB., *loc. cit.*, 391. Cette écorce est spongieuse, de couleur de rouille; sa surface intérieure est chargée de petits cristaux blancs.

10. ROSENTH., *op. cit.*, 233. — MART., *Fl. bras.*, *Laurac.*, 318. Les graines de l'*A. Cujumari* NEES (*Syst.*, 247; MEISSN., *Prodr.*, 94, n. 84) sont employées au Brésil comme digestives. On a considéré les fèves *Pichurim* comme les graines de l'*A.* ? *Laurel* NEES (*Syst.*, 249; MEISSN., *Prodr.*, n. 31; — *Ocotea Pichurim* H. B. K., *Nov. gen. et spec.*, II, 266).

11. ROSENTH., *op. cit.*, 233. — MART., *loc. cit.*, 317. L'*A. Camara* SCHOMB. (ex NEES, in *Linnœa*, XXI, 500.; MEISSN., *Prodr.*, 87, 12) a un bois amer et aromatique. Ses fruits, fendus et desséchés par les Indiens du Brésil septentrional, sont employés contre la dysenterie et autres affections intestinales. (SCHOMB., *Voy.*, II, 335.)

12. Le *Canella do Mato* des Brésiliens est le *N. cinnamomoides* NEES (*Syst.*, 307; MEISSN., *Prodr.*, 167, n. 70; — *Laurus cinnamomoides* MUT., ex H. B. K., *Nov. gen. et spec.*, II, 169; — ? *L. Quixos* LAMK, *Dict.*, III, 455). C'est aussi, sans doute, le *Canela* de la Nouvelle-Grenade, ou *Canelo de los Andaquis*, très-analogue pour ses propriétés au Cannellier de Ceylan. — Le *N. sanguinea* ROTTB. (in *Act. Hafn.* (1778), 279; *Pl. surin.*, 10; MEISSN., *Prodr.*, n. 62; — *Laurus sanguinea* SW., *Fl. Ind. occ.*, II, 707 (part.); — *L. globosa* AUBL., *Guian.*, I, 364? — *L. martiniciensis* JACQ., *Coll.*, II, 109, t. 5, fig. 2; — *L. Borbonia* β LAMK, *Dict.*, III, 450) fournit une écorce aromatique, excitante, qui est le *Maraguanzimmt* des Antilles et de la Guyane. — Le *N. cymbarum* NEES (*Syst.*, 305; MEISSN., *Prodr.*, n. 32) est l'*Ocotea cymbarum* H. B. K. (*Nov. gen. et spec.*, II, 160) et l'*O. amara* MART. (BUCHN., *Rep.*, XXXV, 180). — Nous avons vu qu'on a rapporté à cette espèce une écorce *Pichurim* et un bois analogue au Sassafras. C'est le S. de l'Orénoque ou bois d'Anis de l'Orénoque, qui diffère surtout du S. officinal par l'amertume mêlée à son arome. On l'appelle aussi *Pao Sassafras* au Para; il est recherché comme diurétique, diaphorétique, emménagogue, tonifiant. On en extrait une essence qui a les mêmes vertus, et qui est le *Siruba* des Indiens, l'*Aceite de Sassafras* des Espagnols (voy. *Bull. Féruss.*, janv. 1831, 63; ROSENTH., *op. cit.*, 234; LINDL., *Fl. med.*, 336). DE MARTIUS pense qu'elle fait partie

Ocotea[1], *Cryptocarya*[2], *Persea*[3], *Machilus*[4], *Lindera*[5], *Litsœa*[6], *Tetranthera*[7], *Daphnidium*[8], *Mespilodaphne*[9], *Chibaca*[10], *Christmannia*[11], *Cassytha*[12]. Dans quelques autres, ces mêmes parties deviennent plus ou moins astringentes et amères ; de sorte qu'on les a proposées comme toniques, fébrifuges. C'est ce qui est arrivé pour le *Lindera Benzoin*[13],

du *curare* de l'Orénoque. Le *Canella preto* des Brésiliens, écorce diurétique, carminative, eménagogue, est attribuée au *N. mollis* Nees (*Syst.*, 287; Meissn., *Prodr.*, n. 8).

1. L'*O. guianensis* Aubl. (*Guian.*, II, 781, t. 310; — *Oreodaphne guianensis* Nees; Meissn., *Prodr.*, 112, n. 1) est employé à la Guyane dans le traitement des abcès, bubons, etc. — L'*O. opifera* (*Oreodaphne opifera* Nees, *Syst.*, 390; Meissn., *Prodr.*, n. 4) est le *Canella de Cheiro* du Rio-Negro (Buchn., *Rep.*, XXXV, 179; Rosenth., *op. cit.*, 235). Son fruit est gorgé d'une huile volatile limpide, qu'on obtient par distillation, et qui est d'une couleur jaunâtre. Son odeur est comme un mélange d'essences de Millepertuis et de Portugal. Elle sert à traiter les affections des articulations, les douleurs rhumatismales, le lumbago, etc.

2. Les noix de Muscade du Brésil sont les fruits du *C. moschata* Mart. (ex Meissn., *Prodr.*, 74, n. 30; *Fl. bras.*, *Laurac.*, 319); on les emploie aux mêmes usages que les fèves *Pichurim*. — Le *C. densiflora* Bl. (*Caryodaphne densiflora* Nees) a une écorce dont on extrait à Java une substance aromatique et amère, employée, comme l'infusion des feuilles, contre les affections spasmodiques des entrailles, les convulsions des accouchées, etc., sous le nom de *Kitedja* (Bl., in *Nees Syst.*, 228).

3. Les *P. drimyfolia* Schltl (in *Linnœa*, VI, 365), *indica* Spreng. (*Syst.*, II, 268), et quelques autres, sont employés comme toniques, excitants.

4. Les *M. odoratissima* Nees et *pilosa* Nees sont aussi aromatiques.

5. Le *L. triloba* Bl. (*Mus. lugd.-bat.*, I, 325) a les mêmes propriétés que le *Sassafras officinale*. C'est à lui que Siebold (in *Verh. Bat. Gen.*, XII, 23) a donné ce nom. Les mêmes vertus doivent exister dans les *L. obtusiloba* Bl., *sericea* Bl. et *umbellata* Thunb., également originaires du Japon et employés indifféremment dans ce pays comme sudorifiques et dépuratifs.

6. Les *L. Myrrha* Nees et *zeylanica* Nees (in *Amœn. bot. Bonn.*, I, 58, t. 5 ; Meissn., *Prodr.*, 226, n. 27) ont une écorce aromatique amère, anthelminthique, excitante, eménagogue (Rosenth., *op. cit.*, 237). Le dernier paraît être le *Laurus Cassia* L. (nec *alior.*) et le *Cassia cinnamomea Myrrhæ odore* de Plukenet (*Almag.*, 80; *Amalth.*, 52, t. 381).—Le *L. glauca* Sieb. (*Laurus glauca* Thunb., *Fl.*

jap., 173) produit une huile camphrée dont les propriétés paraissent analogues à celles du *Cinnamomum Camphora.*

7. Le *T. laurifolia* Jacq. (Meissn., *Prodr.*, 178, n. 5 ; — *Glabraria tersa* L., *Mantiss.*, 276 ; — *Sebifera glutinosa* Lour., *Fl. cochinch.*, 783 ; — *Litsœa sebifera* Pers., *Syn.*, II, 4 ; — *L. chinensis* Lamk., *Dict.*, III, 574), espèce asiatique, introduite en Amérique, a les feuilles et les rameaux gorgés d'une matière glutineuse qui rend l'eau où on les broie comme mucilagineuse. On l'emploie contre les inflammations, les rougeurs de la peau, dans le traitement des affections hystériques, etc. Les *T. citrata* Nees, *glabraria* Nees, *Roxburghii* Bl., n'en sont que des variétés et ont les mêmes propriétés. — Le *T. monopetala* Roxb. (*Pl. coromand.*, II, 26, t. 148 ; Meissn., *Prodr.*, n. 44) a une écorce astringente, prescrite dans l'Inde contre les diarrhées, dysenteries, etc.

8. Le *D. Cubeba* Nees (*Syst.*, 615) est le *Laurus Cubeba* Lour. (*Fl. cochinch.*, 310 ; — *Litsœa Cubeba* Pers., *Syn.*, II, 4), dont les baies aromatiques ont les mêmes propriétés médicinales que les fruits du véritable Cubèbe.

9. Le *bois de Cannelle* des îles Mascareignes est le *M. cupularis* Meissn. (*Prodr.*, 104, n. 28 ; — *Laurus cupularis* Lamk ; — *Agathophyllum cupulare* Bl.). Quelques espèces voisines, du même pays, fournissent aussi une écorce aromatique, excitante.— Le *Canela Sassafras* des Brésiliens est le *M. Sassafras* Meissn. (*Prodr.*, n. 21).

10. Cette Lauracée incertaine (voy. p. 453, note 11) a une écorce considérée dans l'Afrique australe comme toute-puissante contre les angines malignes, endémiques dans cette région (Rosenth., *op. cit.*, 238); d'où le nom de *C. salutaris* Bert.

11. Le *Corondi* est un médicament indien produit par le *C. Corondi* Dennst. (ex Rosenth., *op. cit.*, 1066); mais cette plante n'appartient probablement pas à la famille des Lauracées (voy. p. 453, note 11).

12. Le *C. filiformis* L. (p. 444, notes 2, 3, fig. 264-268) s'emploie au Sénégal, mélangé au beurre, dans les cas d'uréthrites. A Java, les *Cassytha*, broyés avec de la chaux, servent à fabriquer une sorte de mastic.

13. Meissn., *Prodr.*, 244, n. 1. — *Laurus Benzoin* L., *Hort. Cliff.*, 134; *Spec.*, I, 580. — *L. pseudo-Benzoin* Michx. — *Evosmus Benzoin* Nutt. — *Benzoin odoriferum* Nees,

de l'Amérique du Nord (fig. 258-260), prescrit comme stimulant, antipériodique, même comme vermifuge, et surtout pour le *Bebeeru* [1] de la Guyane, ou *Nectandra Rodiei* [2], administré, assure-t-on, avec succès comme succédané du quinquina [3].

Il y a peu de Lauracées où l'on remarque un développement considérable de matière sucrée. Le fait a lieu cependant dans les feuilles du véritable Cannellier de Ceylan [4], et surtout dans le péricarpe de l'Avocatier (*Persea gratissima*) [5]. Le fruit de cet arbre, souvent désigné sous le nom de Poire d'avocat ou d'*Aguacate* [6], est l'un des meilleurs que connaissent les habitants des pays chauds; il paraît fade aux Européens. C'est une baie piriforme, verte d'abord, puis plus ou moins violacée ou brunâtre, dans laquelle on trouve une grosse graine globuleuse, à cotylédons charnus, hémisphériques. La pulpe, assaisonnée de différentes manières, s'appelle quelquefois *beurre végétal*. Elle a un goût que l'on compare à celui de l'artichaut, de la noisette. C'est un aliment et un remède [7]; on emploie également comme médicaments, aux Antilles, les bourgeons, les feuilles et les graines [8]. Le péricarpe est très-riche en matière grasse; c'est, comme dans le Laurier commun, une huile verdâtre. Dans le fruit du *Tetranthera laurifolia* [9], c'est plutôt une véritable cire qui sert à faire des bougies.

On ne cite guère qu'une Lauracée employée pour sa matière colorante : c'est l'*Ocotea tinctoria* [10].

Le bois des Lauracées est fréquemment très-beau et très-utile, avec un grain fin, serré, un brillant souvent dû à la présence de nombreux petits

Syst., 497. — Lindl., *Fl. med.*, 339.— H. Bn, in *Dict. encycl. des sc. médic.*, IX, 96. — *Fever wood*, *Spice wood*, *Spice berry* des indigènes. On en extrait aussi une huile stimulante.

1. Ou *Bibiru* des Arouaques, *Sipeeri* des Hollandais, *Cœur vert* des colons français.

2. Schomb., ex Meissn., *Prodr.*, 155, n. 28. — *N. leucantha* γ Nees, in *Linnœa*, XXI, 508 (part.).

3. Rodie, in *Guian. Roy. Gaz.* (8 août 1844). — Guib., *Drog. simpl.*, ed. 6, II, 395. — Pereira, *Elem. Mat. med.*, ed. 4, II, p. I, 465.— Mart., *Fl. bras.*, *Laurac.*, 319. L'écorce contient un alcaloïde, la *bebéerine* ($C^{35}H^{20}AzO^6$), qui, combiné avec l'acide sulfurique, agirait comme antipériodique, mais avec moins d'énergie que le sulfate de quinine.

4. La saveur sucrée de ses feuilles est même un bon moyen de le distinguer, dans les cultures, des espèces voisines qui lui ressemblent tant.

5. Gærtn., *Fruct.*, III, 222.— Nees, *Syst.*, 128. — Meissn., *Prodr.*, 52, n. 36. — Guib., *op. cit.*, II, 399. — Lindl., *Fl. med.*, 333. — Mart., *Fl. bras.*, *Laurac.*, 320. — H. Bn, in *Dict. encycl. des sc. médic.*, VII, 520. — *Persea* Clus., *Hist.*, I, 2. — Plum., *Amer.*, 44, t. 20. — *P. præcox* Pœpp. — *P. Schiedeana* Nees. — *Prunifera arbor fructu maximo piriformi* Sloan., *Jam.*, II, 132, t. 222.— *Laurus Persea* L., *Spec.*, ed. 2, 529.

6. Ou *Palto*, *Aouara*, Poire de la Nouvelle-Espagne, *Avocado pear* et *Alligator pear* des Anglais, *Avocato* des Brésiliens.

7. Il sert aux nègres des Antilles à traiter toutes les maladies des femmes.

8. Les feuilles, comme pectorales, vulnéraires, stomachiques, etc. ; les bourgeons, contre les contusions, la syphilis; le suc de la graine, comme astringent. Riche en tannin, il sert à faire une encre indélébile qui brunit à l'air. Tous les animaux recherchent le fruit comme aliment.

9. Voy. page 464, note 7.

10. Nees, ex Rosenth., *op. cit.*, 235.

taux, plus rarement coloré en une teinte foncée, comme est celui des *Nectandra cymbarum* [1] et *Rodiei* [2], et celui du *Silvia navalium* ALLEM [3]. Ceux-là sont denses, résistent à l'action de l'eau de mer et servent à la construction des navires. Beaucoup d'autres, moins solides, mais plus élastiques, doués d'une teinte fauve clair et d'un reflet soyeux, sont recherchés pour l'ébénisterie. Les coffres et les armoires qu'on en fabrique sont en général à l'abri de l'attaque des insectes, à cause de l'odeur aromatique de ces bois. Ils sont nombreux aux Antilles, au Brésil, surtout à la Guyane. Mais, dans ce dernier pays, beaucoup d'entre eux ne sont jusqu'ici connus que par leurs noms vulgaires, sans qu'on sache exactement à quelle espèce botanique on doit les rapporter. Tels sont les bois de *Taoub* jaune et brun, plusieurs bois de Sassafras ou d'Anis, les bois de Rose mâle et femelle. Ce sont certainement des Lauracées, mais d'un genre encore indéterminé. Le *Licaria guianensis* AUBL. [4] est un de ces bois de Rose. Le bois de Cèdre jaune de marais, de la Guyane, est probablement un *Cryptocarya*. L'*Acrodiclidium chrysophyllum* [5] est un des Sassafras de Cayenne. Le Cèdre gris du même pays est l'*Ocotea splendens* [6]. Le *Nectandra exaltata* [7] est le *Timber sweet wood* de la Jamaïque. Le bois du *Dicypellium caryophyllatum* [8] est beau et odorant; on l'a considéré à tort comme produisant le véritable bois de Rose. Le *Misanteca capitata* [9] du Mexique donne un bon bois; c'est le *Palo misanteco* des indigènes. A Madère et aux Canaries, on nomme *Vinhatico* le bois du *Persea indica* [10]. Le *Siraballi* [11] de la Guyane paraît être un *Ocotea*. Dans plusieurs espèces, le bois est d'une fétidité extrême : ainsi dans le *Nectandra myriantha* [12] du Brésil, dans l'*Ocotea bullata* [13] du Cap, et dans le *Til* des Canaries, qui est l'*O. fœtens* [14]. Cette espèce se cultive dans nos orangeries; elle y produit un bel effet

1. Voy. p. 463, note 12.
2. Voy. p. 465, notes 1-3. MART., *Fl. bras.*, *Laurac.*, 315.
3. Voy. p. 474, note 4.
4. Voy. p. 452, note 4. GUIB., *op. cit.*, 397. Les Galibis l'appellent *Licari kassali*. On le vend aussi à Paris sous les noms de Bois jaune de Cayenne, de Citron de Cayenne, de Copahu.
5. MEISSN., *Prodr.*, 87, n. 14.
6. MEISSN., *Prodr.*, 129, n. 83.
7. GRISEB., *Fl. Brit. W. Ind.*, 281. — MEISSN., *Prodr.*, 165, n. 65. — *Persea exaltata* SPRENG. — *Oreodaphne exaltata* NEES. Le *White sweet wood* des Antilles est le *N. Willdenowiana* NEES (*Syst.*, 290, 321. — MEISSN., *Prodr.*, n. 64. — *Laurus sanguinea* SW. (part.).
8. Voy. p. 478, notes 5, 6.

9. Voy. p. 475, notes 4-8.
10. SPRENG., *Syst.*, II, 268. — MEISSN., *Prodr.*, 52, n. 33. — *Laurus indica* L., *Spec.*, 529. Cette espèce est cultivée et fleurit dans nos jardins botaniques.
11. LINDL., *Veg. Kingd.*, 536.
12. MEISSN., *Prodr.*, 163, n. 58. — MART., *Fl. bras.*, *Laurac.*, 315. — *Canella fœdorente* des indigènes (RIEDEL).
13. E. MEY., in *Pl. Drège.* — *Oreodaphne bullata* MEISSN., *Prodr.*, 118, n. 31. — *Stink wood* des colons anglais.
14. *Laurus fœtens* AIT., *Hort. kew.*, II, 39. — *Persea fœtens* SPRENG., *Syst.*, II, 268. — *Oreodaphne fœtens* NEES, *Syst.*, 449.—MEISSN., *Prodr.*, n. 32. On l'appelle encore à Madère *Vignatico*, *Arbol santo* et *Madeira Laurel* (voy. p. 438, fig. 250).

par ses feuilles vertes, luisantes et persistantes. Il en est de même, dans la région tempérée de l'Europe, du Laurier d'Apollon, tant chanté par les poëtes et figuré par les artistes. Les feuilles polymorphes du Sassafras sont aussi dans nos jardins un objet de curiosité; et l'on rencontre fréquemment dans nos serres des *Apollonias*, des Cannelliers et des Camphriers dont les fleurs sont insignifiantes, mais dont le feuillage est d'une belle couleur et d'une odeur plus ou moins aromatique.

GENERA

I. CINNAMOMEÆ.

1. Cinnamomum Burm. — Flores hermaphroditi v. rarius polygami; receptaculo infundibuliformi; perianthii perigyni foliolis 6, valvatim 2-seriatis subpetaloideis, demum basi v. supra basin transverse deciduis. Stamina 12, 4-seriata; fertilia 9; antheris superposite 4-locellatis, in exterioribus 6 introrsis; in interioribus 3 (supra basin filamenti glandulis 2 lateralibus munitis) extrorsis. Stamina sterilia (staminodia) 3, oppositipetala, ovata v. oblonga. Germen fundo receptaculi insertum; ovulo 1, fere ab apice descendente, anatropo; micropyle introrsum supera. Fructus baccatus; pericarpio tenui, basi receptaculo incrassato cupuliformi recte truncato v. et perianthii basi 6-mera plus minus indurata, munito. Semen exalbuminosum; embryonis carnosi crassi cotyledonibus basi circa radiculam rectam brevem superam vaginantibus. — Arbores v. frutices sempervirentes, fere omnes aromatici; foliis oppositis v. alternis exstipulaceis, penninerviis v. basi 3-5-nerviis, rarius 3-pli- v. 5-plinerviis; gemmis phyllogenis nudis, obsolete squamosis (*Malabathrum*) v. squamatis perulatis; floribus in racemos axillares terminalesve, simplices v. cymoso-3- ∞-floros dispositis. (*Asia trop. et subtrop.*) — *Vid. p.* 429.

2. Phœbe Nees [1]. — Flores fere *Cinnamomi;* receptaculo breviter infundibuliformi cum perianthio indurato sæpeque basi sublignoso circa fructum toto erecto persistente. Bacca pedicello plus minus incrassato imposita. Cætera *Cinnamomi.* — Arbores v. frutices; foliis alternis

---

1. *Syst.,* 98. — Endl., *Gen.,* n. 2026. — Meissn., *Prodr.,* 29, 504.

v. subverticillatis, penninerviis v. 3-plinerviis; gemmis foliaceo-pauci-squamatis; floribus in racemos cymiferos compositos axillares terminalesque dispositis. (*Polynesia*, *Asia*, *America trop.*[1])

3. Machilus Rumph.[2] — Flores fere *Cinnamomi;* perianthii chartacei foliolis 6 persistentibus immutatis haud induratis patentibus v. reflexis; exterioribus 3 interioribus æqualibus v. paulo brevioribus. Stamina 12 (*Cinnamomi*). Bacca subglobosa sessilis pedicello haud incrassato suffulta. — Arbores; foliis alternis penninerviis; gemmis foliiparis imbricato-squamosis; floribus[3] in racemos v. corymbos compositos cymiferos e basi gemmæ terminalis v. axillaris ortos dispositis; bracteis squamiformibus deciduis. (*Asia trop. et subtrop.*[4])

4. Alseodaphne Nees[5]. — Flores *Cinnamomi;* perianthio fere toto deciduo. Bacca basi receptaculo parvulo cupuliformi persistente cincta et pedicello incrassato claviformi v. longe obconico imposita.— Arbores; foliis alternis coriaceis penninerviis; gemmis foliiparis nudis v. parce squamatis; floribus in racemos compositos cymiferos e squamarum gemmæ axilla ortos v. laterales dispositis. (*Asia trop. et subtrop.*[6])

5. Persea Gærtn.[7] — Flores fere *Cinnamomi;* perianthii foliolis exterioribus 3 interioribus subæqualibus v. manifeste brevioribus. Stamina 12 (*Cinnamomi*). Bacca ovoidea oblongave pedicello plus minus incrassato v. immutato imposita, receptaculo et perianthio immutatis v. parum auctis (rarius a basi deciduis) suffulta. — Arbores v. frutices; foliis alternis coriaceis penninerviis v. rarius pseudo-3-plinerviis; gemmis foliiparis nudis compressis, 2-valvibus; inflorescentiis axillaribus v. terminalibus[8]. (*America trop. et subtrop.*, *Asia*[9].)

1. Spec. ad 40, quar. amer. 14. Bl., *Mus. lugd.-bat.*, I, 325. — Miq., *Fl. ind.-bat.*, I, 905 (excl. sect. II).— Nees, in *Wall. Pl. asiat. rar.*, II, 61, 70 (*Ocotea*); in *Linnæa*, XXI, 489. — Spreng., *Syst.*, II, 270 (*Persea*).— Meissn., in *Mart. Fl. bras.*, *Laurac.*, 148, t. 45.

2. *Herb. amboin.*, III, 70, t. 24. — Nees, *Syst.*, 122, 171. — Endl., *Gen.*, n. 2028. — Meissn., *Prodr.*, 39.

3. In Ordine majusculis.

4. Spec. ad 15. Lour., *Fl. cochinch.*, 311 (*Laurus*).— Thunb., *Fl. jap.*, 173 (*Laurus*).— Bl., *Mus. lugd.-bat.*, I, 329.— Nees, in *Wall. Pl. asiat. rar.*, 61, 70. — Miq., *Fl. ind.-bat.*, I, 914.— Sieb. et Zucc., in *Abh. Münch. Acad.*, III, 302.

5. *Progr.*, 11; *Syst.*, 122, 181. — Endl.,

Gen., n. 2030. — Meissn., *Prodr.*, 27.

6. Spec. 7, 8. Wight, *Icon.*, t. 1826, 1827. — Nees, in *Wall. Pl. asiat. rar.*, II, 61, 71. — Bl., *Mus. lugd.-bat.*, I, 331. — Miq., *Fl. ind.-bat.*, I, 915. — Benth., in *Hook. Journ.*, V, 198; *Fl. hongk.*, 291.

7. *Fruct.*, III, 222. — Nees, *Syst.*, 123 (part.). — Endl., *Gen.*, n. 2027. — Meissn., *Prodr.*, 43, 505.

8. Sect. 2, scil.: 1. *Eriodaphne* (Nees) : Sepalis manifeste corolla brevioribus; staminodiis pubescentibus v. barbatis; floribus plerumque sericeo-pubescentibus (Spec. americ.).— 2. *Gnesiopersea* (Nees) : Perianthii foliolis omnibus subæqualibus; staminodiis apice haud barbatis (Spec. americ. et asiat.).

9. Spec. ad 50. Nees, in *Wall. Pl. asiat.*

6. **Notaphœbe** BL. [1] — Flores fere *Cinnamomi ;* perianthii foliolis 3 exterioribus brevioribus, sæpe minimis. Stamina 12 *Cinnamomi.* Bacca perianthio persistente 6-lobo cincta, receptaculo brevi patenti et pedicello plus minus incrassato imposita. — Arbores ; foliis alternis penninerviis ; gemmis incompletis ; inflorescentiis axillaribus terminalibusque. (*India or. cont. et ins.* [2])

7. **Apollonias** NEES [3]. — Flores *Cinnamomi ;* antheris 2-locularibus. Bacca receptaculo et perianthio induratis parum auctis basi cincta. — Arbores ; foliis alternis penninerviis ; gemmis nudis ; inflorescentiis axillaribus et subterminalibus [4]. (*Ins. Canar., India or.* [5])

8. **Hufelandia** NEES [6]. — Flores *Apolloniæ ;* receptaculo perianthioque herbaceis deciduis. Bacca succulenta receptaculi basi parvæ truncatæ imposita. — Arbusculæ ; foliis alternis penninerviis ; inflorescentiis axillaribus. (*America trop.* [7])

9. **Nesodaphne** HOOK. F. [8] — Flores fere *Hufelandiæ ;* receptaculo brevissimo. Calyx totus deciduus. Stamina 9, fertilia ; intima 3, 2-glandulosa extrorsa. Bacca pedicello incrassato imposita nuda oblonga (sicca ?). — Arbores sempervirentes ; foliis alternis oppositisque coriaceis penninerviis ; floribus in racemos parce ramosos axillares terminalesque dispositis. (*Nova Zelandia* [9].)

10. **Haasia** BL. [10] — Flores fere *Hufelandiæ* v. *Nesodaphnes ;* perianthii foliolis 3 exterioribus parvis, plerumque nanis. Stamina fere

rar., III, 32. — MIQ., *Fl. ind.-bat.*, I, 913.' — H. B. K., *Nov. gen. et spec.*, II, 157. — MEISSN., in *Mart. Fl. bras., Laurac.*, 151, t. 46-55.

1. *Mus. lugd. - bat.*, I, 328. — MEISSN., *Prodr.*, 58.

2. Spec. ad 8. NEES, *Syst.*, 115 (*Phœbe*). — MIQ., *Fl. ind. bat.*, I, 911 (*Phœbe*) ; in *Zoll. Verz.*, 113, 115 (*Dehaasia*).

3. *Syst.*, 95. — ENDL., *Gen.*, n. 2025. — MEISSN., *Prodr.*, 64, 506.

4. Gen. fructu cum *Phœbe* arcte conveniens, antheris autem 2-locellatis diversum.

5. Spec. 2, quar. alt. indica, scil. *A. Arnottii* NEES (*Syst.*, 670), altera canariensis et madeirensis, sæpe apud nos culta, quæ *A. canariensis* NEES (*Syst.*, 96 ; — *Persea canariensis* SPRENG.; — *Laurus Barbusano* CAV.; — *L. reticulata*

POIR.; — *L. Tencriffæ* POIR.; — *Phœbe Barbusana* WEBB, *Phyt. canar.*, II, 223, t. 203).

6. *Syst.*, 122, 187. — ENDL., *Gen.*, n. 2031. — MEISSN., *Prodr.*, 65. — *Wimmeria* NEES (nec *alior.*, ex MEISSN., *loc. cit.*).

7. Spec. 3 v. 4. SW., *Prodr.*, 65 ; *Fl. ind. occ.*, II, 719 (*Laurus*). — NEES, *Disp.*, 23. — GRISEB., *Fl. Brit. W. Ind.*, I, 280 ; *Pl. Wright.*, 188.

8. *Fl. N.-Zeal.*, 217. — MEISSN., *Prodr.*, 66.

9. Spec. 2, alt. *N. Tarairi* HOOK. F. (*Laurus Tarairi* A. CUNN.), alt. *N. Tawa* HOOK. F. (*Laurus Tana* A. CUNN. — *L. salicifolia* BANKS et SOLAND., nec SW.).

10. Ex NEES, *Syst.*, 372. — ENDL., *Gen.*, n. 2032. — MEISSN., *Prodr.*, 59, 506. — *De haasia* NEES, *Syst.*, 354, 675.

Apolloniæ; fertilia 9; antheris 2-locularibus subrotundis; interioribus 3 extrorsis. Staminodia subsessilia, 3-angularia v. brevissima. Bacca ovata nuda (perianthio toto deciduo), pedicello carnoso incrassato (fere *Alseodaphnes*) imposita. — Arbores; foliis alternis, sæpe ad apicem ramosum confertis, penninerviis; gemmarum squamis paucis foliaceis; inflorescentiis subterminalibus, sæpe paucifloris. (*India or.*[1])

11. Beilschmiedia NEES [2]. — Flores *Hufelandiæ* v. *Nesodaphnes;* perianthii foliolis 6 subæqualibus, deciduis. Germen imperfecte 2-loculare, 1-ovulatum. Bacca exsucca receptaculi basi subplanæ persistenti imposita. — Arbores; foliis alternis v. suboppositis penninerviis reticulatis; inflorescentiis e gemma axillari ortis; bracteis deciduis [3]. (*India or.*[4])

12. Aiouea AUBL. [5] — Flores elongati; receptaculo longe obconico infundibuliformi, sæpius intus pubescente; perianthii foliolis brevibus cum receptaculo continuis, demum cum receptaculi parte superiore circumcissa deciduis. Stamina 9–12, receptaculi fauci inserta; perfecta 6 exteriora; antheris apiculatis; locellis 2, introrsis, lateralibus v. extrorsis; interiora 3, sterilia, foliolis perianthii exterioribus opposita, ananthera, basi 2-glandulosa. Staminodia 3 parva (v. 0?). Germen fundo receptaculi insertum arcteque inclusum. Bacca oblonga nuda, receptaculi basi subplanæ persistenti pedicelloque incrassato longe obconico clavatove imposita. — Arbores v. frutices; foliis alternis coriaceis penninerviis v. rarius 3-nerviis; inflorescentiis sæpe corymboso-congestis laxis dichotome ramosis cymiferis; pedicellis tenuibus [6]. (*America austr. trop.*[7])

1. Spec. ad 16. NEES, *Syst.*, 124 (*Persea*, subsect. *Corynopodes*); in *Wall. Pl. asiat. rar.*, II, 70 (*Machilus*). — BL., in *Rumphia*, I, 162; *Mus. lugd.-bat.*, I, 333 (*Dehaasia*). — MIQ., *Fl. ind.-bat.*, I, 928. — JACK, *Mal. Misc.*, II, 7, 33 ? (*Laurus*). — WIGHT, *Icon.*, t. 1831. — THW., *Enum. pl. Zeyl.*, 253.

2. *Syst.*, 192, 197. — ENDL., *Gen.*, n. 2034. — MEISSN., *Prodr.*, 62.

3. Gen. *Haasiæ* proximum, *Cryptocaryæ* inter *Cinnamomeas* analogum, ab *Haasia* imprimis germinis et fructus fabrica differt.

4. Spec. 6, 7. ROXB., *Hort. calc.*, 30 (*Laurus*). — BL., *Bijdr.*, 555 (*Laurus*). — ZOLL., *Verz.*, 113 (*Haasia*). — WALL., *Cat.*, n. 2539 (*Tetranthera*). — MIQ., *Fl. ind.-bat.*, I, 919, 969 (*Daphnidium*). — BL., *Mus. lugd.-bat.*, I, 332.

5. *Guian.*, I, 310, t. 120. — J., *Gen.*, 80. — NEES, *Syst.*, 354, 362. — ENDL., *Gen.*, n. 2050. — MEISSN., *Prodr.*, 82, 509. — *Douglasia* SCHREB., *Gen.*, n. 1761. — *Ehrhardia* SCOP. (ex MEISSN., *loc. cit.*).

6. Gen. ab auctt. hucusq. *Cryptocaryeis* adscript., ob receptaculum alte elongato-concavum inter *Cinnamomeas* sane anomalum, sed ob germen omnino liberum huic seriei adnumerandum, a *Cinnamomo* generibusque finitimis nil nisi receptaculo longius obconico differt. Fructus maturus omnino *Alseodaphnes*, nec receptaculo sacciformi inclusus.

7. Spec. ad 7. NEES, in *Linnæa*, XXI, 512; in *Bot. Zeit.*, XXII, Beibl., 64. — ROEM. et SCH., *Syst.*, VII, n. 1300. — WALP., *Ann.*, III, 344.

13. Potameïa Dup.-Th. — Flores hermaphroditi (v. polygami ?), 2-meri ; sepalis 2 et petalis 2, alternis, inter se subconformibus. Stamina 6-8 ; exteriora 2 cum petalis alternantia et 2 opposita, fertilia ; filamento brevi dilatato subfoliaceo ; antheris introrsis, 2-locellatis. Stamina 2 seriei 3, alternipetala sterilia, basi 2-glandulosa. Staminodia 2 interiora oppositipetala sterilia, minima glandulæformia v. sæpius 0. Germen liberum (*Machili*). Bacca supera libera, pedicello haud incrassato inserta et basi receptaculo brevi perianthioque vix aucto reflexo munita. — Frutex ; ramis erectis ; foliis alternis lineari-lanceolatis ; inflorescentiis ad folia ramulorum superiora axillaribus. (*Madagascaria.*) — *Vid. p.* 434.

II. CRYPTOCARYEÆ.

14. Cryptocarya R. Br. — Flores hermaphroditi ; receptaculo alte urceolato, increscente, fauce plus minus angustato. Perianthium 6-foliolatum ; foliolis exterioribus sæpe minoribus ; deciduum v. rarius persistens (*Cyanodaphne*). Stamina 12 ; exteriora 9 fertilia ; antheris 2-locellatis ; quorum alternipetala 3 et oppositipetala 3 introrsa, 3 autem (tertiæ seriei) extrorsa v. subextrorsa, basi 2-glandulosa. Staminodia 3, interiora, petalis opposita, forma varia. Germen fundo receptaculo insertum. Bacca receptaculo aucto, baccato v. sicco, inclusa, leviter v. arcte (*Caryodaphne*) adhærens.—Arbores ; foliis alternis penninerviis, rarius sub-3-plinerviis v. 3-nerviis (*Caryodaphne*); gemmis paucisquamatis ; inflorescentiis axillaribus v. terminalibus. (*Asia trop., Archip. ind., Malaisia, Australia, Africa et America trop.*) — *Vid. p.* 434.

15. Boldu Feuill. — Flores *Cryptocaryæ*. Bacca ovata, receptaculo sicco fragili haud adhærente, raro persistente v. plus minus cito delapso cincta (inde sæpius nudata), pedicello incrassato imposita. Cætera *Cryptocaryæ*. — Arbores ; foliis oppositis v. suboppositis, coriaceis penninerviis ; gemmis nudis ; inflorescentiis axillaribus. (*Chili.*) — *Vid. p.* 435.

16. Ravensara Sonner. [1] — Flores hermaphroditi (v. polygami ?); receptaculo obconico crasso concavo. Perianthii foliola 6, libera, æqualia, apice sæpe inflexa, valvata. Stamina 12, receptaculi fauci inserta et perianthii foliorum basi adnata ; fertilia 9 ; antheris 2-locellatis; quorum exteriora 6 introrsa; 3 autem interiora sublateralia v. extrorsa; sterilia omnino interiora 3, ovata v. subsagittata. Germen fundo receptaculi insertum liberum; stylo apice capitato stigmatoso; ovulo subpendulo anatropo. Fructus receptaculo valde incrassato intusque dissepimentis 6 spuriis verticalibus, demum lignosis, cristato, omnino inclusus; pericarpio tenui semini arcte appresso cumque eo, nisi paulo sub apice, in lobos 6 receptaculi dissepimentis diviso, diu perianthio et androcæo persistentibus coronato, demum apice umbilicato. Embryonis carnosi, semini et pericarpio conformis, radicula brevis recta supera; cotyledones inferne profunde 3-lobæ.—Arbores; foliis alternis coriaceis penninerviis; inflorescentiis axillaribus terminalibusque, sæpe brevibus. (*Madagascaria.*) — *Vid. p.* 436.

17. Ampelodaphne MEISSN. [1] — Flores diœci; receptaculo infundibuliformi, intus disco tenui vestito; perianthio 6-foliolato regulari, demum deciduo. Stamina 9 (in flore fœmineo sterilia v. deficientia 3, 6), fauci receptaculi inserta, 2-locellata; intimis 3 extrorsis, basi 2-glandulosis. Germen (in flore masculo rudimentarium v. 0) fundo receptaculi insertum inclusumque. Fructus (baccatus?) receptaculo diu inclusus perianthioque coronatus, demum semiexsertus et receptaculi parte infima truncata integerrima basi cinctus. — Arbores v. frutices; foliis alternis v. subverticillatis coriaceis penninerviis; inflorescentiis multifloris pyramidatis, axillaribus v. subterminalibus. (*America austr. trop.* [2])

18. Aydendron NEES et MART. [3] — Flores hermaphroditi; receptaculo infundibuliformi v. urceolato; perianthii foliolis 6 subæqualibus, receptaculo æqualibus v. longioribus, deciduis. Stamina 9 fertilia, fauci receptaculi inserta; antheris ovatis obtusis prope apicem 2-valvatim dehiscentibus (ob valvam cito delapsam primo intuitu 2-porosis); intima 2 extrorsa, basi 2-glandulosa; sterilia 0 v. minuta. Germen receptaculo inclusum. Bacca receptaculo fere tota inclusa v. semiexserta; cupulæ margine simplici v. duplici; labio interiore inflexo demumque erecto; exteriore patulo v. vix prominulo. — Arbores v. frutices; foliis alternis penninerviis; inflorescentiis axillaribus v. subterminalibus. (*America trop.* [4])

1. *Prodr.*, 81.
2. Spec. ad 3. MIQ., *Pl. surin.*, 203. — MEISSN., in *Mart. Fl. bras., Laurac.*, 167, t. 57. — WALP., *Ann.*, III, 112 (*Goeppertia*).

3. NEES et MART., in *Linnæa,* VIII, 36. — NEES, *Syst.*, 245. — ENDL., *Gen.*, n. 2040. — MEISSN., *Prodr.*, 87, 510.
4. Spec. ad 35. NEES, in *Linnæa*, XXI, 497

19. Acrodiclidium Nees [1]. — Flores hermaphroditi; receptaculo obconice tubuloso v. suburceolato, fauce plus minus angustato; perianthii foliolis 6, receptaculo subæqualibus v. brevioribus. Stamina 9, fauci receptaculi inserta; exteriora 6 sterilia squamiformia v. glanduliformia; intima 3 fertilia; filamentis crassis, sæpe brevibus, plus minus inter se cohærentibus; antheris extrorsum 2–locellatis; locellis operculo parvo obliquo, mox evanido, dehiscentibus. Germen fundo receptaculi insertum. Bacca plus minus sicca, aut receptaculo truncato inclusa, aut receptaculo demum explanato inserta; margine simplici v. duplici.—Arbores v. frutices; foliis alternis v. rarius oppositis penninerviis; inflorescentiis axillaribus et subterminalibus; bracteis parvis v. caducis. (*America trop.* [2])

20. silvia Allem. [3] — « Flores hermaphroditi. Calyx infundibuliformis; limbi 6–fidi lobis æqualibus tubo (receptaculo) brevioribus persistentibus. Stamina exteriora 0; seriei tertiæ 3 fauci inserta, calycis lobis exterioribus anteposita, extrorsa glandulosa; antheris ovatis obtusis in filamentum breve planum glabrum attenuatis, paulo infra apicem oblique 2–porosis. Staminodia 0. Germen calycis tubo arcte inclusum liberum ovale; stylo filiformi; stigmate peltato umbilicato. Bacca sicca ovalis, basi calyce patulo 6–lobo parum aucto cincta. — Arbores, habitu omnino *Acrodiclidii;* floribus parvis nudis paniculatis. » (*Brasilia* [4].)

21. Endiandra R. Br. [5] — Flores polygami; receptaculo obconico crasso; perianthii decidui foliolis 3 exterioribus æqualibus v. paulo brevioribus. Stamina 9; exteriora 6 sterilia parva v. glanduliformia, hinc sublibera, inde in annulum connata; interiora 3 fertilia; filamentis basi 2-glandulosis v. eglandulosis; antheris extrorsis, 2–locularibus. Bacca receptaculo truncato immersa. — Arbores; foliis alternis penninerviis;

— W., *Spec.*, II, 482 (*Laurus*)?. — Spreng., *Syst.*, II, 269. — H. B. K., *Nov. gen. et spec.*, II, 266 (*Ocotca*).—Meissn., in *Mart. Fl. bras., Laurac.*, 176, t. 62-66, 105 (II). — Walp., *Ann.*, III, 308. (Huic adscribend. *Persea hypericifolia* Nees, *Syst.*, 165. — *Laurus hypericifolia* W. — *Cryptocarya* ? *dubia* H. B. K., *Nov. gen. et spec.*, II, 167.)

1. *Syst.*, 244, 266.— Endl., *Gen.*, n. 2042. — Meissn., *Prodr.*, 84, 510.

2. Spec. ad 14. Sw., *Prodr.*, 65 (*Laurus*); *Fl. Ind. occ.*, II, 706, 709. — Spreng., *Syst.*, II, 176 (*Endiandra*). — Nees, in *Linnæa*, XXI, 500. — Meissn., in *Mart. Fl. bras., Laurac.*, 172, t. 59-61.

3. *Descr. gen.* Silvia *impress.* (ex Meissn., *Prodr.*, 84, nec Velloz.). — *Silvæa* Meissn., *loc. cit.* (nec Philipp., nec H. Bn).

4. Spec. 1. S. *navalium* Allem., *loc. cit.*, ic. — Meissn., in *Mart. Fl. bras., Laurac.*, 171 (*Silvæa*). — *Tapinhoan* incol.

5. *Prodr.*, 402. — Nees, *Syst.*, 193. — Endl., *Gen.*, n. 2033.— Meissn., *Prodr.*, 78, 509.

gemmis foliaceo-squamatis; inflorescentiis axillaribus. (*India or.*, *Australia* [1].)

22. Dictyodaphne Bl. [2] — Flores *Endiandræ;* perianthii decidui foliolis inæqualibus; exterioribus 3 majoribus. Stamina sterilia 0; fertilia 3; loculis sublateralibus. Bacca omnino nuda (receptaculo cum perianthio basi circumcisso et toto deciduo). — Arbores; foliis alternis penninerviis; gemmis incompletis parvis; floribus in racemos simplices v. parum ramosos axillares dispositis. (*India or. cont. et ins.* [3])

23. Misanteca Cham. et Schltl. [4] — « Flores hermaphroditi. Calyx [5] carnosus ovoideus, 6-dentatus; limbo [6] deciduo; dentibus exterioribus latioribus. Stamina 9, fauci inserta; exteriora 6, sterilia brevia conica truncata; interiora 3, majora; tota in columnam connata; antheris extrorsis, 2-locularibus, apice valvulis 2 ovalibus dehiscentibus; accedentibus locellis 2 inferioribus rudimentariis effœtis. Pistillum tubo stamineo totum inclusum liberum; stylo simplici; stigmate depresso capitato. Drupa (v. nux [7]) olivæformis mucronata semiexserta; cupula incrassata truncata; margine angusto duplici. — Arbor; foliis alternis coriaceis penninerviis; floribus in cymas contractas et in capitulum compositum congestas dispositis; bracteis fugacibus. » (*Mexico* [8].)

24.? Bihania Meissn. [9] — « Flores hermaphroditi? Calyx infundibuliformis, 6-partitus; lobis subæqualibus. Stamina 12, 4-seriata eglandulosa, quorum 9 sterilia, scilicet 6 exteriora petaliformia calycis lobis opposita iisque similia; seriei tertiæ fertilia (3) conniventia cuneato-linearia subtriquetra, apice truncata; anthera cum filamento confluente, apice locellis 4 (?) in eodem plano sitis, extrorsum et introrsum spectantibus; seriei quartæ (staminodia) subulata. Germen (sterile?) angustum calycis tubo inclusum stylo acuminatum; stigmate simplici obtuso. Fructus [10]... ? — Arbor; foliis alternis coriaceis penninerviis; paniculis lateralibus laxis. » (*Borneo* [11].)

1. Spec. 5, 6. Nees, in *Wall. Pl. asiat. rar.*, II, 64, 68. — F. Muell., *Fragm.*, II, 90.

2. *Mus. lugd.-bat.*, I, 270. — Meissn., *Prodr.*, 78, 509.

3. Spec. 6, 7. Bl., *Mus. lugd.-bat.*, I, 332 (*Endiandra*). — Miq., *Fl. ind.-bat.*, I, 918.— Walp., *Ann.*, III, 107.

4. In *Linnæa*, VI, 367. — Nees, *Syst.*, 244, 272. — Endl., *Gen.*, n. 2043. — Meissn., *Prodr.*, 95, 510.

5. Receptaculum (?).

6. Calyx proprius (?).

7. Ex A. Gray, in *Proceed. Amer. Acad.*, V, 189.

8. Spec. 1. *M. capitata* Cham. et Schltl.

9. *Prodr.*, 96.

10. « Magnit. ovi cygnei. » (Motl.)

11. Spec. 1. *B. borneensis* Meissn.

25. Mespilodaphne NEES [1]. — Flores hermaphroditi v. diœci ; receptaculo infundibuliformi, subcampanulato v. obconico; perianthii foliolis 6 æqualibus, deciduis v. plus minus persistentibus. Stamina fertilia 9, quorum intima 3, extrorsa, 2-glandulosa; antheris super-posite 4-locellatis ; sterilia 0 v. minuta. Germen receptaculo arcte inclusum. Bacca perianthio plus minus apice constricto inclusa v. semi-exserta; cupulæ margine simplici v. rarius duplici (*Nemodaphne* [2]). — Arbores v. frutices; foliis alternis v. subverticillatis coriaceis penniner-viis, nunc reticulatis; inflorescentiis axillaribus v. terminalibus [3]. (*America trop., ins. Mascaren* [4].)

III. OCOTEEÆ.

26. Ocotea AUBL. —Flores diœci, rarius hermaphroditi; receptaculo breviter infundibuliformi v. cupuliformi; perianthii foliolis 6, æqualibus v. vix inæqualibus, deciduis. Stamina fertilia 9; exteriora 6, introrsa, superposite 4-locellata; intima 3, extrorsa, 2-glandulosa. Staminodia interiora 0, v. rarius parva, dentiformia, subulata v. obsoleta. Germen liberum receptaculo vix immersum. Bacca receptaculo cupuliformi truncato integro brevi immersa; pedicello haud v. leviter incrassato.— Arbores v. frutices ; foliis alternis, sæpius coriaceis, penninerviis v. rarissime pseudo-3-plinerviis; floribus cymosis in racemos simplices v. ramosos terminales axillaresque dispositis. (*America trop. et subtrop., Africa trop. cont. et ins. occ. et or.*) — *Vid. p.* 437.

27. Strychnodaphne NEES [5]. — Flores *Ocoteæ ;* perianthio toto persistente ; bacca receptaculo subplano v. vix concavo imposita et perianthio brevi 6-lobo patente basi cincta. Cætera *Ocoteæ.* —Arbores v. frutices; foliis alternis penninerviis; inflorescentiis axillaribus v. ter-minalibus. (*America trop.* [6])

1. *Syst.*, 192, 235.— ENDL., *Gen.*, n. 2039. — MEISSN., *Prodr.*, 96, 510.

2. MEISSN., *Prodr.*, 109.

3. Gen. *Ocoteæ* valde aff., differt tant. anthe-ris 4-locellatis.

4. Spec. ad 50. NEES, in *Linnæa*, VIII, 45. — SPRENG., *Syst.*, II, 496 (*Myginda*). — H. B. K., *Nov. gen. et spec.*, VII, 192, t. 645 (*Cryptocarya*). — BL., *Mus. lugd.-bat.*, I, 338 (*Agathophyllum*, ex part.).— LAMK, *Dict.*, III, 447; *Ill.*, t. 331, fig. 2 (*Laurus*). — GRI-SED., *Pl. Wright.*, 188 (*Nectandra*).— MEISSN., in *Mart. Fl. bras.*, *Laurac.*, 186, t. 67-75.

5. *Progr.*, 17; in *Linnæa*, VIII, 39. — MEISSN., *Prodr.*, 142.

6. Spec. 3 v. 4. POIR., *Dict.*, Suppl., III, 323 (*Laurus*). — NEES, *Syst.*, 354, 471 (part., *Ocotea*); in *Linnæa*, XXI, 524. — SW., *Fl. ind. occ.*, II, 721 (*Laurus*). — MEISSN., in *Mart. Fl. bras.*, *Laurac.*, 244, t. 86.

28. Camphoromœa NEES [1]. — Flores diœci; receptaculo infundibuliformi; perianthii subrotati foliolis æqualibus, persistentibus. Stamina
9, in flore masculo fertilia, 4-locellata; intimis 3 extrorsis, basi 2-glan-
dulosis. Germen (in flore masculo effœtum, parvum v. 0) fundo receptaculi
insertum liberum. Bacca oblonga, basi perianthio et receptaculo parum
auctis vixque induratis cincta; pedicello longiusculo sub fructu parum
incrassato et ad basin attenuato. — Arbores v. frutices; foliis alternis
plerumque pseudo-3-plinerviis; inflorescentiis axillaribus v. subterminalibus; pedicellis tenuibus flores parvos plerumque superantibus,
fructiferis elongatis [2]. (*America trop.* [3])

29 ? Gymnobalanus NEES [4]. — Flores diœci (fere *Ocoteæ*); masculi
paulo majores; antherarum locellis 2 inferioribus obliquis, sæpe sublateralibus. Staminodia 0. Floris fœminei receptaculum cupulatum fere
totum cum perianthio rotato deciduum. Bacca globosa ovatave nuda,
receptaculi basi orbiculari planæ v. subplanæ imposita, pedicellum
carnoso-incrassatum cylindricum v. breviter clavatum superans. —
Arbores v. frutices; foliis alternis penninerviis; inflorescentiis axillaribus v. subterminalibus [5]. (*America trop.* [6])

30. Nectandra ROLAND. [7] — Flores fere *Ocoteæ*, hermaphroditi
v. polygami; receptaculo cupuliformi persistente; perianthio subrotato
patente; foliolis rotundatis, sæpe subcarnosis; interioribus sæpius majoribus necnon crassioribus, omnibus valvatis, deciduis. Stamina breviter
stipitata crassa; antheris 4-locellatis; locellis staminum 6 exteriorum
introrsis, staminum 3 fertilium interiorum lateralibus v. subextrorsis et
in arcum supra concavum dispositis (nec per paria superpositis). Germen
in floribus masculis effœtum. Bacca basi receptaculo breviter cupuliformi
margineque simplici v. rarissime duplici munita. — Arbores v. frutices;
foliis alternis v. rarius oppositis penninerviis; inflorescentiis axillaribus

---

1. *Syst.*, 354, 465.— ENDL., *Gen.*, n. 2053.
— MEISSN., *Prodr.*, 143, 512.

2. Gen. ab *Ocoteis* nonnull. calyce persist. et
folior. nervat. tant. distinct.

3. Spec. 8, 9. MIQ., *Pl. surin.*, 201 (*Oreodaphne*)?. — MEISSN., in *Mart. Fl. bras., Laurac.*, 246, t. 87-89. — WALP., *Ann.*, III, 313
(*Oreodaphne*).

4. *Syst.*, 454, 479.—ENDL., *Gen.*, n. 2055.
— MEISSN., *Prodr.*, 140, 512.

5. Gen. nonnisi receptaculo fere toto cum
perianthio deciduo et pedicelli carnoso-incras-
sati forma dignoscend.

6. Spec. 6, 7. NEES, in *Linnœa*, XXI, 509
(*Nectandra*). — MEISSN., in *Mart. Fl. bras.,
Laurac.*, 241, t. 84, 85.

7. EX ROTTB., in *Act. litt. Hafn.*, 1 (1778),
279; *Pl. surin.*, 10. — NEES, *Syst.*, 277. —
ENDL., *Gen.*, n. 2044. — MEISSN., *Prodr.*, 146,
512.

v. subterminalibus, sæpius subcorymbiformibus[1]. (*America trop. et austr. subtrop.*[2])

31. Pleurothyrium Nees[3]. — Flores hermaphroditi; receptaculo crasso breviter obconico, intus disco crasso, apice plus minus inflexo, vestito; perianthii foliolis longioribus crassis coriaceis, deciduis. Stamina fertilia 9, cum perianthio perigyne extra disci marginem inserta; exteriora 6 cum ejus lobis alternantia; interiora basi 2-glandulosa; filamentis crassiusculis; antheris crassis cubico-oblongis; locellis 4 in serie demum fere horizontali positis; exterioribus sublateralibus; intermediis paulo altius sitis, in staminibus 6 exterioribus introrsum, in interioribus 3 extrorsum spectantibus. Stamina sterilia 3, parva v. 0. Germen receptaculo inclusum liberum. Bacca receptaculo apice truncato inclusa v. cincta.... ? — Arbores v. frutices; foliis alternis coriaceis penninerviis; inflorescentiis (sæpe amplis) axillaribus terminalibusve; bracteis deciduis. (*Peruvia, Brasilia bor.*[4])

32. Dicypellium Nees[5]. « Flores diœci. Perianthium rotatum patens, profunde 6 – partitum coriaceum, totum persistens. Flos masculus ignotus. Floris fœminei stamina 12, sterilia, 4-seriata; extima 3 petaliformia persistentia, demum coriacea ; secundæ seriei antheriformia subspathulata, infra apicem inflexum obsolete 4-locellata; tertiæ seriei præcedentibus similia minora subtruncata; quartæ seriei squamiformia erecta oblonga pistillo adpressa. Staminodia præterea 0. Stigma acutum. Bacca sicca, basi perianthio subcarnoso patente cum staminodiis grandefacto induratoque cincta, disco dilatato plano, 6-angulari, imposita. » (*Brasilia*[6].)

33. Synandrodaphne Meissn.[7] — Flores hermaphroditi; receptaculo infundibuliformi; perianthio subrotato, 6-mero, persistente. Stamina 12,

---

1. Gen. in sect. 2 divid. Nees, scil. : 1. *Pomatia* : Floribus majusculis, extus sæpius tomentosis; staminodiis parvis v. 0; inflorescentiis corymbiformibus v. thyrsoideis; foliis margine plerumque revolutis. — 2. *Porostema* (Schreb.) : Floribus parvis, glabris v. tomentellis; staminodiis parvis subcapitatis v. 0 ; inflorescentiis thyrsoideis v. sæpius laxe elongatis; foliis planis v. rarius margine leviter recurvis.

2. Spec. ad 75. Nees, in *Linnæa*, VIII, 46 ; XXI, 501. — Benth., *Pl. Hartweg.*, 253; *Sulph.*, 161. — Griseb., *Fl. Brit. W. Ind.*, I, 281. — Meissn., in *Mart. Fl. bras., Laurac.*, 250, t. 90-101, 105 (III).

3. *Syst.*, 342, 349. — Endl., *Gen.*, n. 2047. — Meissn., *Prodr.*, 168.

4. Spec. 7 v. 8. Meissn., in *Mart. Fl. bras., Laurac.*, 279. — Walp., *Ann.*, III, 311.

5. *Syst.*, 343. — Endl., *Gen.*, n. 2045. — Meissn., *Prodr.*, 170.

6. Spec. 1. *D. caryophyllatum* Nees, *loc. cit.* (excl. syn.). — Meissn., in *Mart. Fl. bras., Laurac.*, 281, t. 102. — *Persea ? caryophyllata* Mart. (ex Meissn.). — *Ibyra Giynha* incol.

7. *Prodr.*, 176.

quorum fertilia 9, ima basi in annulum connata; exteriora 6, introrsa; interiora 3, extrorsa, basi 2-glandulosa; omnium antheris superposite 4-locellatis. Staminodia interiora 3, liguliformia. Germen fundo receptaculi insertum (nunc sterile ?); stylo cylindrico, apice stigmatoso obtuso. Bacca pedicello incrassato clavato imposita. — Arbores; foliis alternis penninerviis; inflorescentiis axillaribus laxis. (*America trop.*[1])

34 ? Symphysodaphne A. Rich.[2] — « Flores hermaphroditi. Perianthium 6-partitum; lobis erectis ovato-acutis. Stamina 3, fertilia, in tubum pistillum includentem perianthiumque superantem, apice extrorsum antheriferum, connata. Staminodia glandulæque 0 (?). Germen ovatum stylo tenui acuminatum; stigmate obtuso convexo. Fructus... ? — Arbor; foliis alternis venosis; inflorescentiis in summis axillis solitariis[3]. » (*Cuba*[4].)

35. Sassafras Bauh. — Flores diœci; receptaculo vix concavo tenui; perianthii foliolis 6, membranaceis subpetaloideis, supra basin deciduis. Stamina 9, vix perigyna (in flore fœmineo sterilia, apice subglandulosa, v. deficientia nonnulla), 3-seriata; filamentis elongatis gracilibus; intimis 3 basi glandulas 2 laterales stipitatas gerentibus; antheris omnium fertilibus, introrsis, superposite inæquali-4-locellatis; locellis superioribus minoribus. Germen (in flore masculo omnino deficiens) sessile; stylo gracili plus minus arcuato, apice capitato subdiscoideo stigmatoso. Bacca obovata v. subglobosa, basi breviter attenuata summo pedicello subclavato imposita perianthiique basi cupuliformi 6-crenata v. 6-dentata cincta. — Arbores; gemmis perulatis; foliis alternis, 3-plinerviis integris v. lobatis, deciduis; floribus racemosis longe pedicellatis ex involucro squamarum sericearum erumpentibus. (*America bor.*) — *Vid. p.* 439.

36. Sassafridium Meissn. — « Flores hermaphroditi; perianthii subcorollini rotati lobis deciduis. Stamina fertilia 9, ad basin foliolorum perianthii inserta, introrsa omnia et 4-locellata; intimis 3 basi 2-glandulosis. Staminodia 3, interiora parvula capitata. Germen liberum; stylo brevi, apice stigmatoso crassiore 3-gono. Bacca cupula turbinata

---

1. Spec. 2, 3. Griseb., *Fl. Brit. W. Ind.*, I, 282 (*Nectandra*).

2. In *Ram. Sagr. Fl. cub.*, t. 67. — Meissn., *Prodr.*, 175.

3. Descriptio haud edita; char. ex icon. desumpt.

4. Spec. 1. *S. cubensis* A. Rich., *loc. cit.*

truncata basi cincta ; margine duplici ; utroque brevissimo erecto ; exteriore obsolete 6-crenato ; interiore subintegro. — Arbores v. frutices ; foliis alternis subcoriaceis penninerviis ; pedunculis axillaribus et subterminalibus gracilibus supra medium corymboso-ramosis ebracteatis ; ramis apice cymoso v. subumbellato-3-∞-floris. » (*America centr.*) — *Vid. p.* 440.

37. **Gœppertia** Nees [1]. — Flores diœci v. polygami ; receptaculo cupuliformi v. brevissime obconico patente ; perianthii rotati foliolis 6 æqualibus brevibus, tarde deciduis. Stamina 9 (in flore fœmineo sterilia ananthera) in flore masculo fertilia, 2-locellata ; intimis 3, 2-glandulosis extrorsis ; filamentis planis ; connectivo ultra loculos producto. Germen (in flore masculo sterile angustum) centro receptaculi insertum liberum ; stigmate sæpe subsessili. Bacca oblonga, basi perianthio 6-lobato diu persistente cincta, receptaculo cupuliformi post perianthii occasum truncato imposita. — Arbores ; foliis alternis penninerviis v. rarius pseudo-3-plinerviis ; inflorescentiis axillaribus laxis. (*America trop.* [2])

IV. TETRANTHEREÆ.

38. **Tetranthera** Jacq. — Flores diœci (v. rarissime polygami). Perianthium plerumque 6-merum petaloideum , receptaculo parvo concaviusculo insertum, deciduum. Stamina sæpius 9-12, rarius 15-30, perygina ; filamentis liberis ; interioribus 3-6, glandulis 1, 2, sessilibus v. stipitatis, munitis ; antheris (in flore fœmineo rudimentariis v. 0) 4-locellatis. Staminodia obsoleta v. 0. Germen (in flore masculo rudimentarium v. 0) liberum ; stylo gracili, apice stigmatoso varie dilatato. Bacca receptaculo patelliformi plano v. parum concavo, integro v. sinuato, imposita. — Arbores et frutices ; foliis alternis v. rarius oppositis penninerviis, persistentibus v. raro deciduis ; gemmis foliaceo-squamatis v. sæpius incompletis ; floribus in umbellas 4-∞-floras dispositis ; inflorescentiis singulis involucro 4-6-phyllo , ante expansionem arcte imbricato et

1. *Syst.*, 354, 365.— Endl., *Gen.*, n. 2051. — Meissn., *Prodr.*, 172, 513. — *Endlicheria* Nees, in *Linnœa*, VIII, 87 (nec Presl). — *Schaueria* Nees, in *Lindl. Nat. Syst.*, ed. 2, 202.

2. Spec. 12-14. Nees, in *Linnœa*, XXI, 513. — Schott, in *Spreng. Syst.*, IV, 405 (*Cryptocarya*). — Griseb., *Fl. Brit. W. Ind.*, I, 284 (*Aydendron*). — Meissn., in *Mart. Fl. bras.*, *Laurac.*, 281, t. 103, 104.

globoso, cinctis inclusisve pedunculatis, e gemma axillari sæpe obsoleta ortis, solitariis v. fasciculatis, rarius in ramulo communi racemosis v. corymbosis. (*Asia, Oceania, America trop. et subtrop., Africa ins. or.*) — *Vid. p.* 440.

39. **Cylicodaphne** NEES [1]. — Flores *Tetranthcræ ;* receptaculo altiore, post florescentiam aucto et baccam semiimmersam v. inclusam cingente ; margine truncato. — Arbores fruticesque, habitu, foliis et inflorescentiis *Tetranthcræ* [2]. (*India or. cont. et ins.* [3])

40. **Dodecadenia** NEES [4]. — Flores (*Tetranthcræ*) hermaphroditi in gemma imbricatim squamata solitarii. Stamina 12-15 ; exteriora 6-9 eglandulosa ; antheris omnium introrsis, 4-locellatis. Bacca receptaculo plano pedunculoque crasso imposita. Cætera *Tetranthcræ.* — Arbor ; foliis alternis coriaceis penninerviis ; gemmis imbricatim squamatis ; floribus axillaribus solitariis et 1–floris. (*India or.* [5])

41. **Actinodaphne** NEES [6]. — Flores diœci ; receptaculo breviter obconico ; perianthii foliolis 6, subæqualibus, deciduis. Stamina 9, fertilia (in flore fœmineo sterilia liguliformia); interioribus 2-glandulosis ; antheris 4-locellatis, omnibus introrsis. Germen (in flore masculo rudimentarium effœtum) liberum. Bacca receptaculo cupuliformi v. subplano truncato imposita. — Arbores v. frutices ; foliis alternis v. ad apicem ramorum subverticillatis congestis, penninerviis v. rarius 3-plinerviis ; gemmis perulatis imbricatim squamatis ; floribus axillaribu s glomeratis, racemosis v. fasciculatis, rarius solitariis, ante anthesin squamis gemmæ involutis. (*Asia trop.* [7])

42. **Litsæa** J. [8] — Flores diœci (fere *Actinodaphnes*); perianthii fo-

1. In *Wall. Pl. asiat. rar.,* II, 61, 67 ; *Syst.,* 503. — ENDL., *Gen.,* n. 2058. — MEISSN., *Prodr.,* 200, 515. — *Lepidadenia* NEES et ARN., in *Edinb. new Phil. Journ.,* (1834), 261. — NEES, *Syst.,* 582. — ENDL., *Gen.,* n. 2062.

2. A qua « nullo charactere essentiali certoque nisi calyce fructifero cupuliformi nec plano » (MEISSN.) differt.

3. Spec. ad 40. BL., *Mus. lugd.-bat.,* I, 386 ; II, 12. — MIQ., *Fl. ind.-bat.,* I, 931. — THW., *Enum. pl. Zeyl.,* 255. — HASSK., *Pl. jav.,* 213 (*Tetranthera*). — WIGHT, *Icon.,* t. 1839 (*Lepidadenia*).

4. In *Wall. Pl. asiat. rar.,* II, 61, 63 *Syst.,* 587.— ENDL., *Gen.,* n. 2063.—MEISSN., *Prodr.,* 210, 515.

5. Spec. 1. *D. grandiflora* NEES, *loc. cit.*— WALL., *Cat.,* n. 2544 (*Tetranthera*).

6. In *Wall. Pl. asiat. rar.,* II, 68 ; III, 34; *Syst.,* 586, 590. — ENDL., *Gen.,* n. 2064. — MEISSN., *Prodr.,* 210, 515. — *Jososte* NEES, in *Wall. Pl. asiat. rar.,* 63.

7. Spec. ad 45. BL., *Mus. lugd.-bat.,* I, 341. — WIGHT, *Icon.,* t. 1841-1843. — MIQ., in *Zoll. Verz.,* 114, 116 ; *Fl. ind.-bat.,* I, 964. — THW., *Enum. pl. Zeyl.,* 256.

8. In *Dict. Hist. nat.,* XXVII, 70 (part.).—

liolis 4-6, deciduis. Stamina 6 (in flore fœmineo 4-6, sterilia liguliformia v. linguiformia); interiora 2-glandulosa ; antheris omnium
introrsis, 4-locellatis. Germen (in flore masculo sterile v. 0) liberum.
Bacca receptaculo persistente discoideo plano imposita; pedicello sub
fructu subincrassato v. obconico. — Arbores v. frutices; foliis alternis
v. rarius subverticillatis, 3-nerviis v. 3-plinerviis, raro penninerviis;
gemmis florigenis axillaribus; squamis imbricatis deciduis; floribus glomeratis. (*Asia, Australia trop. et subtrop.* [1])

43. **Daphnidium** NEES [2]. — Flores *Actinodaphnes*, in gemma squamata plures; staminibus 9 ; intimis 3 basi 2-glandulosis ; antheris
omnibus 2-locellatis (in flore fœmineo effœtis). Germen in flore masculo
rudimentarium. Bacca receptaculo integro v. et perianthio 6-lobo basi
cincta v. pedicello incrassato imposita. — Arbores et frutices ; foliis
alternis palminerviis v. rarius penninerviis; gemmis florigenis axillaribus subsessilibus ; floribus glomeratis, fasciculatis v. rarissime solitariis, squamis tectis, nunc subumbellatis involucroque proprio 4-phyllo
suffultis. (*Asia trop. et subtrop.* [3])

44 ? **Polyadenia** NEES [4]. —Flores fere *Daphnidii;* perianthio deciduo.
Stamina 6-9, omnia glandulifera. Bacca receptaculo plano integro
imposita. — Arbor; foliis alternis coriaceis penninerviis; floribus in
umbellas axillares fasciculato-agglomeratas singulasque involucro
4-phyllo munitas, dispositis. (*India or.* [5])

45. **Aperula** BL. [6] — Flores fere *Daphnidii;* perianthio 4-foliolato,
deciduo. Stamina fertilia 6-9; interiora 2-6, basi 2-glandulosa. Bacca
receptaculo plano integro imposita. — Arbores v. frutices; foliis alternis
v. suboppositis penninerviis persistentibus; gemmis foliigenis incompletis;

NEES, *Amœn. Bonn.*, I, t. 5, 6, fig. 6, 7;
Syst., 586, 621. — ENDL., *Gen.*, n. 2066. —
MEISSN., *Prodr.*, 220, 515. — *Tetradenia*
NEES, in *Wall. Pl. asiat. rar.*, II, 61, 64 ;
Progr., 19. — *Darwinia* DENNST. (ex LINDL.,
Veg. Kingd., 537, nec RUDG.).
1. Spec. ad 30. BL., *Mus. lugd.-bat.*, I, 345.
— DON, *Prodr. Fl. nepal.*, 65 (*Tetranthera*).
— THUNB., *Fl. jap.*, 173 (*Laurus*). — MIQ.,
Fl. ind.-bat., I, 972. — BENTH., in *Hook.
Journ.*, V, 199. — WIGHT, *Icon.*, t. 132, 1844.
2. In *Wall. Pl. asiat. rar.*, II, 61, 63;
Syst., 586, 606. — ENDL., *Gen.*, n. 2065. —
MEISSN., *Prodr.*, 228, 516.

3. Spec. ad 17. DON, *Prodr. Fl. nepal.*, 64
(*Laurus*)?. — BL., *Bijdr.*, 553 (*Laurus*); *Mus.
lugd.-bat.*, I, 551. — ZOLL., *Verz.*, 114. —
MIQ., *Fl. ind.-bat.*, I, 963 (*Polyadenia*), 975.
— A. BRAUN, *Preuss. Gartenb.*, XXI, 14.
4. In *Wall. Pl. asiat. rar.*, II, 61 ; *Syst.*,
502, 571 (part.). — ENDL.; n. 2060. — MEISSN.,
Prodr., 232.
5. Spec. 1. *P. reticulata* NEES, *loc. cit.*, 62.
— *Tetranthera reticulata* HAMILT. (ex WALL.,
Cat., n. 2551).
6. *Mus. lugd.-bat.*, I, 365. — MEISSN.,
Prodr., 240, 516. — *Polyadenia* MIQ., *Fl. ind.-
bat.*, I, 960 (part., nec NEES).

floriferis axillaribus parvis umbellatis, v. fœmineis solitariis; involucro
4-phyllo, deciduo. (*Asia trop.*, *subtrop.*, *Japonia* [1].)

46. **Lindera** Thunb. — Flores fere *Daphnidii;* perianthio 6-folio-
lato, deciduo. Stamina 9 (in flore fœmineo sterilia filiformia); interiora
3 v. 6, ad basin glandulis stipitatis 2 munita; antheris ovatis obtusis,
2-locularibus, omnibus introrsis v. interioribus sublateralibus. Germen
liberum; stylo gracili, apice stigmatoso, 2, 3-lobo. Bacca receptaculo
integro v. 6-fido imposita. — Arbores fruticesve; foliis alternis penninerviis v. 3-plinerviis, herbaceis, integris v. 3-lobis, deciduis; gemmis
foliigenis perulatis; floribus in umbellulas fasciculatas v. in pedunculo
brevi subumbellatas fasciculatasve involucroque 4 – phyllo deciduo
cinctas, dispositis. (*Asia trop.*, *Japonia*, *America bor.*) — *Vid. p.* 341.

47. **Laurus** T. — Flores diœci v. polygami; perianthio 4-foliolato
subpetaloideo (v. rarius 2-8-foliolato), deciduo. Stamina 12; filamentis
omnium glandula stipitata utrinque ad medium munitis; antheris
omnibus introrsis, 2-locellatis (in flore fœmineo plerumque 4, sterilia, ligulata). Germen (in flore masculo 0) liberum ; stylo brevi,
apice stigmatoso obtuse 3-gono. Bacca ovata receptaculo truncato
v. inæquali- lacero brevi imposita; pericarpio carnoso tenui; embryonis
crassi ovati cotyledonibus plano-convexis valde carnosis oleosis, circa
radiculam superam vaginantibus. — Arbores sempervirentes aromaticæ;
foliis alternis coriaceis; floribus in umbellulas (numero varias) ramulo
brevi axillari et apice sæpe gemmifero insertas, dispositis, bracteis
membranaceis deciduis involucratis. (*Asia minor, ins. Canar.*) — *Vid.*
p. 442.

V. CASSYTHEÆ.

48. **Cassytha** L. — Flores hermaphroditi v. rarius polygami; receptaculo urceolato crasso. Perianthium ostio receptaculi insertum persistens : calyx brevis, 3-phyllus; corolla multo longior; foliolis orbiculato-
concavis carnosulis, valvatis. Stamina 12, cum perianthio inserta; exte-

1. Spec. 15. Nees, *Syst.*, 577 (*Polyadenia*); in *Wall. Pl. asiat. rar.*, II, 63 (*Daphnidium*). — Sieb. et Zucc., in *Abhandl. d. Münch.* *Akad.*, IV, 3, 206 (*Benzoin?*). — Miq., *Fl. ind. bat.*, I, 962 (*Polyadenia*), 957 (*Tetranthera*). — Walp., *Ann.*, I, 577.

riora 9 fertilia : 3 petalis opposita iisque basi connata, et 3 alterna eglandulosa, introrsa ; 3 autem (seriei 3) basi 2-glandulosa et extrorsa ; antheris omnium 2-locellatis ; connectivo in staminibus serierum singularum diverso. Staminodia 3, omnino interiora oppositipetala, 3-angularia v. glandulæformia, sessilia v. stipitata. Germen fundo receptaculi insertum inclusum ; ovulo 1, descendente ; stylo brevi, apice stigmatoso v. depresso. Fructus membranaceus, receptaculo incrassato carnoso apice constricto perianthiique et nonnunquam androcæi vestigiis coronato, inclusus. Semen subglobosum ; embryonis crassi carnosi cotyledonibus hemisphæricis ; radicula brevi supera. — Herbæ parasiticæ aphyllæ ; squamis remote alternis foliorum locum tenentibus ; caule ramisque filiformibus teretibus, haustoriorum seriatorum papilli v. patelliformium ope plantis aliis affixis ; floribus in racemos v. sæpius spicas terminales, raro capitatas, simplices v. compositos, dispositis ; bracteis alternis, 1-floris ; bracteolis lateralibus 2, sterilibus ; floribus superioribus nunc 1-sexualibus. (*Orbis tot. reg. tropicæ.*) --- *Vid. p.* 444.

VI. GYROCARPEÆ.

49. **Gyrocarpus** Jacq. — Flores polygami ; receptaculo in floribus fœmineis et hermaphroditis urceolato, ore constricto ; in masculis vix concavo. Perianthium 4-10-foliolatum ; foliolis 2 in floribus hermaphroditis fœmineisque majoribus. Stamina 3-6, cum perianthio inserta ; filamentis liberis, 2-4 glandulis subclavatis 1, 2 basi munitis ; antheris basifixis dilatato-compressis, intus v. ad margines 2-locellatis ; locellis valvatim dehiscentibus. Germen (in flore masculo rudimentarium) receptaculo inclusum, 1-loculare; ovulo 1, fere ex apice descendente, anatropo ; stylo gracili, apice capitato stigmatoso. Fructus receptaculo drupaceo inclusus, apice sepalis 2 suboppositis in alam membranaceo-lignosam longe spathulatam erectam accretis, coronato; mesocarpio tenui. Embryonis exalbuminosi carnosi radicula brevis supera ; cotyledonibus 2, latis petiolatis circa plumulam tigellamque spiraliter convolutis. — Arbores v. frutices, ex parte scandentes; foliis alternis petiolatis digitinerviis, simplicibus, integris lobatisve, rarius 3-foliolatis ; floribus in racemos, valde ramosos corymbiformes v. paniculiformes e cymis crebris compositos, dispositis; pedicellis bracteatis. (*America, Australia, Asia trop.*) — *Vid. p.* 445.

50. Sparattanthellum Mart. — Flores polygami, fere *Gyrocarpi;* perianthio 4-6-foliolato. Stamina 4-6, perianthii foliolis opposita (in flore fœmineo sterilia); filamentis gracilibus eglandulosis; antheris apiculatis linearibus introrsis. Germen receptaculo in flore hermaphrodito fœmineove valde concavo inclusum, 1-ovulatum; stylo cylindraceo erecto, apice stigmatoso subhemisphærico - capitato. Fructus inferus apterus siccus receptaculo tenui undique indutus; seminis exalbuminosi embryone carnoso; cotyledonibus corrugato-contortuplicatis. — Arbusculæ; foliis alternis 3- v. sub-3-plinerviis; inflorescentiis (*Gyrocarpi*) axillaribus v. subterminalibus. (*America trop.* [1]) — *Vid. p.* 447.

VII. ILLIGEREÆ.

51. Illigera Bl. — Flores hermaphroditi regulares; receptaculo anguste urceolato, apice in collum constricto. Perianthium staminaque ostio receptaculi inserta. Foliola perianthii 10 (raro 8), alternatim 2 seriata, valvata; interioribus exterioribus subsimilibus paulo tenuioribus; omnibus deciduis. Stamina 5, cum foliolis perianthii interioribus alternantia, epigyna. Filamenta libera, basi extus glandulis 2 paulo exterioribus, obconicis, cucullatis, apice oblique sectis, per paria foliolis perianthii interioribus oppositis, munita. Antheræ basifixæ; connectivo crasso subcuneato; loculis 2, introrsum sublateralibus, valvatim dehiscentibus demumque expansis. Glandulæ 5, parvæ staminibus exteriores, oppositipetalæ. Germen receptaculo inclusum, 1-loculare; ovulo 1, fere ab apice loculi descendente, anatropo; stylo gracili, longitudine 1-sulcato, apice stigmatoso valde dilatato, peltato v. supra concavo repando. Fructus coriaceus angustato-elongatus, longitudine sulcatus, indehiscens, receptaculo in alas 2-4, verticales venosas, dilatato indutus. Seminis cylindracei embryo exalbuminosus; cotyledonibus crassis amygdalinis plano-convexis; radicula retracta supera. — Frutices scandentes; foliis alternis petiolatis, 3-foliolatis; foliolis petiolulatis integris subcoriaceis; floribus in racemos elongatos laxe cymiferos pedunculatos dispositis; ramulis ad bifurcationes bracteatis; bracteolis sub flore 1-3. (*Asia trop. or.*, *Malaisia.*) — *Vid. p.* 447.

VIII. HERNANDIEÆ.

52. Hernandia PLUM. — Flores monœci. Floris masculi receptaculum brevissimum; perianthii foliolis 6, v. rarius 8, alternatim 2-seriatis, inter se subsimilibus, valvatis. Stamina 3 v. 4, perianthii foliolis exterioribus opposita; filamentis liberis, basi 1- v. 2-glandulosis; antheris basifixis; connectivo crasso; loculis 2, subintrorsum lateralibus, demum valvatim dehiscentibus. Floris fœminei receptaculum urceolatum, extus a basi ad medium glanduloso-rugosum; ore valde constricto. Perianthium ori insertum; foliolis 8, v. rarius 10, 2-seriatis, valvatis, deciduis. Glandulæ 4 (staminodia ?), foliolis exterioribus opposita cumque perianthio inserta. Germen receptaculo inclusum, 1-loculare; ovulo 1, fere ex apice loculi descendente, anatropo; stylo gracili, longitudine 1-sulcato, apice stigmatoso dilatato, inæquali-crenato v. lobato. Fructus siccus, indehiscens, 1-spermus, receptaculo lignoso, apice truncato umbilicato, extus lævi v. 8-10-sulcato necnon ad basin parce glanduloso, indutus. Seminis exalbuminosi cotyledones crassi carnosi ruminati; radicula supera brevi. — Arbores; foliis alternis petiolatis coriaceis, nunc peltatis, integris, palmati v. pinnatinerviis; floribus in racemum terminalem v. axillarem e cymis compositum dispositis, in cymas (?) singulas pedunculatas 3-nis; involucro communi foliaceo 4-phyllo summo pedunculo inserto; floribus 2 lateralibus masculis pedicellatis; intermedio fœmineo subsessili, basi involucello proprio cupulato v. breviter urceolato, truncato v. 4-dentato, munito; involucello post florescentiam aucto et in vesicam apice perviam truncatam circa fructum receptaculumque dilatato. (*America*, *Oceania*, *Asia trop.*) — *Vid. p.* 449.

XI

ÉLÆAGNACÉES

I. SÉRIE DES CHALEFS.

Cette petite famille a tiré son nom de celui des Chalefs (*Elæagnus* [1]), genre de plantes dont les fleurs (fig. 279-284) sont régulières, hermaphrodites, ou rarement polygames. Leur réceptacle a la forme d'un

Fig. 279. Rameau florifère.

cornet creux, dont la concavité loge l'ovaire et est doublée d'un disque glanduleux, épaissi sur les bords. Là s'insère un périanthe simple, considéré comme un calice gamosépale, tubuleux ou campanulé, partagé sur ses bords en un petit nombre de dents ou de lobes valvaires. Il y en a le plus souvent quatre (fig. 280, 281), et plus rarement de cinq à huit.

1. T., *Coroll.*, 53, t. 489. — L., *Gen.*, n. 159. — ADANS., *Fam. des pl.*, II, 80. — J., *Gen.*, 75. — GÆRTN., *Fruct.*, III, 203, t. 216. — LAMK, *Dict.*, I, 689 ; Suppl., I, 186 ; *Ill.*, t. 73. — A. RICH., *Monogr. des Elæagnées*, in *Mém. Soc. hist. nat. de Paris*, I, 375-408, t. 24, 25. — NEES, *Gen. plant.*, fasc. 3, t. 18. — SPACH, *Suit. à Buffon*, X, 454. — ENDL., *Gen.*, n. 2115. — MEISSN., in DC. *Prodr.*, XIV, 608.

L'androcée est composé d'un pareil nombre d'étamines, alternes avec les divisions du périanthe, insérées un peu plus bas qu'elles, et formées chacune d'un filet court et d'une anthère biloculaire, introrse, déhiscente par deux fentes longitudinales [1]. Le gynécée est libre, avec un ovaire uniloculaire, atténué supérieurement en un style grêle qui traverse l'ouverture étroite de la poche réceptaculaire, et qui est parcouru par un sillon longitudinal du côté du placenta. Vers le sommet du style,

Elæagnus angustifolia.

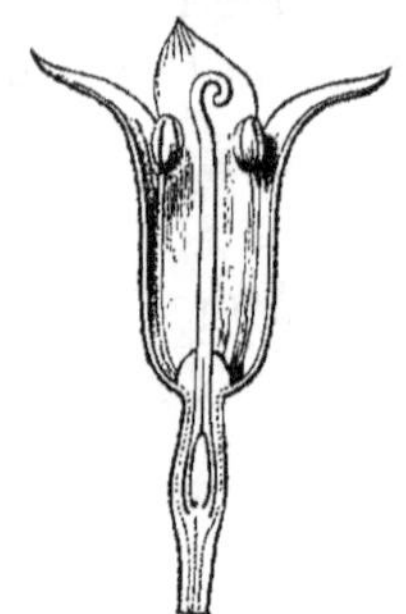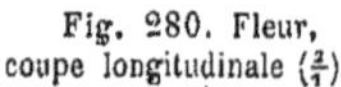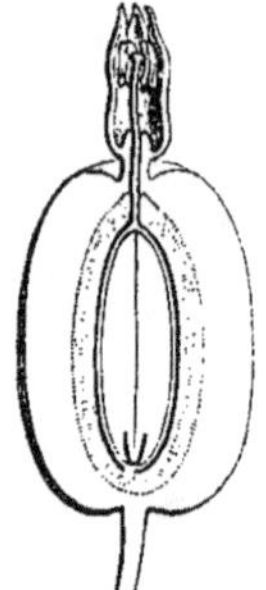

Fig. 280. Fleur, coupe longitudinale ($\frac{2}{1}$).　　Fig. 281. Diagramme.　　Fig. 282. Fruit induvié.　　Fig. 283. Fruit, coupe longitudinale ($\frac{2}{1}$).　　Fig. 284. Noyau.

les bords de ce sillon s'épaississent, se renversent en dehors, et forment deux lèvres épaisses et allongées, chargées de papilles stigmatiques. Au fond de la loge ovarienne se trouve un placenta presque central, sur lequel s'insère un ovule à peu près dressé, anatrope, avec le micropyle ramené en bas du côté du placenta [2] et souvent garni d'une sorte d'obturateur que lui forme sa base épaissie. Après la floraison, le réceptacle s'accroît et forme autour du fruit une induvie complète que surmontent pendant longtemps les restes du périanthe et de l'androcée (fig. 282, 283). Les parois de cette induvie se comportent comme une véritable drupe. Ses couches profondes deviennent ligneuses et dures, simulant une sorte de noyau [3] (fig. 284). En dehors de celui-ci, les tissus deviennent charnus comme un sarcocarpe, et sont recouverts en dehors par l'épiderme membraneux et chargé de poils peltés. Quant au véritable fruit,

---

1. Dans l'*E. angustifolia*, les grains de pollen sont triangulaires, fortement aplatis, avec de petites papilles sur les angles. (H. MOHL, in *Ann. sc. nat.*, sér. 2, III, 314.)

2. L'ovule a deux enveloppes. A l'âge adulte, son raphé n'est ni du côté du placenta, ni du côté opposé, mais bien latéral (fig. 281).

3. Il est formé de fibres allongées dans le sens vertical, incrustées de matière ligneuse. L'épiderme intérieur du réceptacle porte de longs poils cylindriques qui persistent lors de la maturité du fruit. Le noyau est parcouru dans sa longueur par des sillons plus ou moins réguliers, séparés par des côtes saillantes mousses.

logé dans cette poche épaisse, c'est un achaine à péricarpe membraneux, surmonté du reste du style. Il renferme une seule graine, qui, sous ses téguments très-minces, contient un gros embryon charnu, dépourvu (ou à peu près) d'albumen, et dont la radicule est infère.

Les *Elæagnus* sont des arbres ou des arbustes de l'Asie moyenne, de l'Europe méridionale et de l'Amérique du Nord. Tous leurs organes sont chargés de poils peltés, écailleux ou étoilés. Leurs feuilles sont alternes, sans stipules, simples, entières. Leurs fleurs sont axillaires, solitaires, géminées, groupées en petites cymes triflores, ou disposées en courtes grappes feuillées. On en admet une vingtaine d'espèces [1].

Les *Shepherdia* [2] et les Argoussiers forment avec les Chalefs cette série. Les premiers (fig. 285-288) ont des fleurs dioïques. Les femelles (fig. 287, 288) ont un sac réceptaculaire comparable à celui des

Shepherdia canadensis.

Fig. 285. Fleur mâle ($\frac{4}{7}$).	Fig. 286. Fleur mâle, coupe longitudinale.	Fig. 287. Fleur femelle ($\frac{4}{7}$).	Fig. 288. Fleur femelle, coupe longitudinale.

Elæagnus, avec un périanthe à quatre divisions et huit glandes insérées à la gorge, superposées par paires aux divisions calicinales. Le gynécée occupe le fond de la fleur; il devient aussi un achaine autour duquel le réceptacle accru forme une induvie drupacée. Les fleurs mâles (fig. 285, 286) ont un réceptacle beaucoup moins profond, présentant la forme d'une cupule. Sur ses bords s'insèrent huit étamines libres, dont quatre sont superposées aux sépales, et quatre, alternes. Elles ont une anthère introrse et un filet grêle qui s'insère en dehors de huit glandes, superposées par paires, comme dans la fleur femelle, aux divisions calicinales. On ne connaît que deux espèces de *Shepherdia* [3] : ce sont des

1. L., *Spec.*, ed. 2, 176. — Thunb., *Fl. jap.*, 66, t. 14. — Pursh, *Fl. N. Amer.*, I, 114. — A. Rich., *Mon.*, 383, 404, t. 24. — Bieb., *Fl. taur.-cauc.*, II, 112. — Sibth., *Fl. græc.*, t. 152. — Roxb., *Fl. ind.*, I, 460. — Bl., *Bijdr.*, 638. — Blanc., *Fl. d. Filipp.*, 74. — Reichb., *Icon.*, t. 549. — Royle, *Ill. himal.*, 323, t. 61. — Wall., *Cat.*, n. 4031. — Champ., in *Hook. Journ.* (1853), 196. — Benth., *loc. cit.* — Gren. et Godr., *Fl. de Fr.*, III, 69.

2. Nutt., *Gen. of N. Amer. pl.*, II (1818), 240. — A. Rich., *Mon.*, 389, 401, 402, t. 24, fig. 3. — Spach, *Suit. à Buffon*, X, 457. — Endl., *Gen.*, n. 2113. — Meissn., *Prodr.*, 607.

3. L., *Spec.*, ed. 2, 1453 (*Hippophae*). — Pursh, *Fl. N. Amer.*, I, 115 (*Hippophae*). — Michx, *Fl. bor.-amer.*, II, 227 (*Hippophae*). — Hook., *Fl. bor.-amer.*, II, 138, t. 178. — Loud., *Encycl. of trees*, 700, icon.

arbustes de l'Amérique du Nord, dont les feuilles sont opposées et ne se développent qu'après les fleurs, lesquelles sont disposées en grappes courtes à l'aisselle des écailles ou bractées que porte la base des jeunes rameaux.

Quant aux Argoussiers (*Hippophae* [1]), ils ont aussi les fleurs dioïques (fig. 289-296). Leur périanthe est à deux divisions unies entre elles jus-

Hippophae rhamnoides.

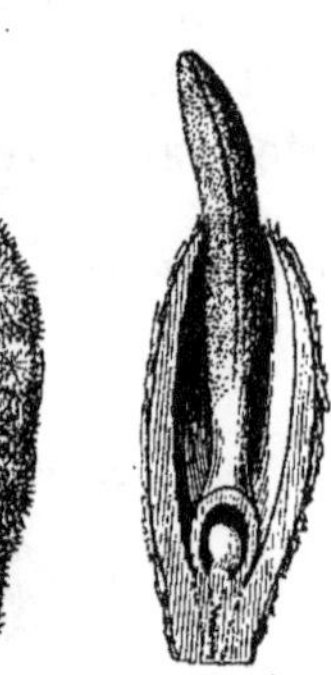

Fig. 289. Rameau florifère mâle.

Fig. 291. Fleur femelle ($\frac{1}{3}$).

Fig. 292. Fleur femelle, coupe longitudinale.

Fig. 293. Rameau fructifère ($\frac{1}{3}$).

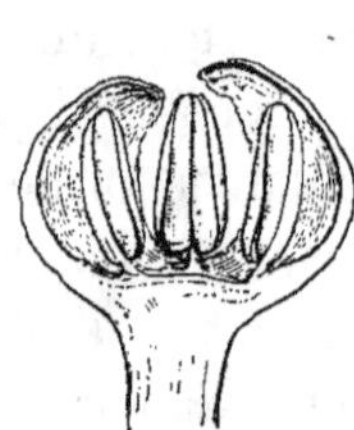
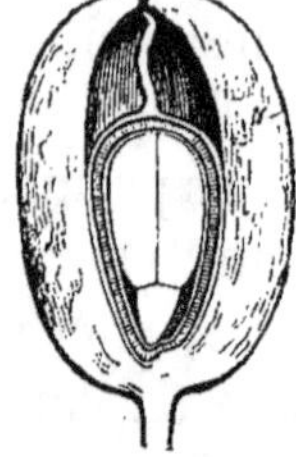

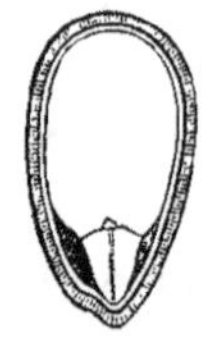

Fig. 290. Fleur mâle, coupe longitudinale ($\frac{5}{7}$).

Fig. 294. Fruit induvié, coupe longitudinale ($\frac{5}{7}$).

Fig. 295. Graine ($\frac{5}{7}$).

Fig. 296. Graine, coupe longitudinale.

qu'à une hauteur variable. Dans les fleurs mâles (fig. 290), il porte quatre ou plus rarement trois étamines à anthères introrses [2]; et, dans

1. L., *Gen.*, n. 1106. — Adans., *Fam. des pl.*, II, 80. — J., *Gen.*, 75. — Gærtn., *Fruct.*, I, 199, t. 42. — Lamk, *Dict.*, I, 248; *Ill.*, t. 808. — A. Rich., *Mon.*, 387, 400, 402, t. 24, fig. 2. — Endl., *Gen.*, n. 2112. — Nees, *Gen.*, III, n. 19. — Meissn., *Prodr.*, 607.

2. Le pollen a des grains ovoïdes, avec trois plis. Mouillé, il devient sphérique, avec trois bandes étroites, semées de papilles. (H. Mohl, *loc. cit.*)

les fleurs femelles, il entoure un gynécée construit comme celui des Chalefs. Le fruit est aussi un achaine, analogue à celui des *Shepherdia* et des *Elæagnus*, et autour duquel la portion inférieure du périanthe, persistante et accrue, forme une induvie drupacée [1]. Les deux espèces connues [2] d'Argoussier croissent dans l'Europe et dans l'Asie moyenne. Ce sont des arbustes à feuilles alternes, et à fleurs sessiles, solitaires, placées dans l'aisselle des appendices inférieurs des jeunes rameaux; elles s'épanouissent aussi, à la fin de l'hiver, avant que les feuilles prennent tout leur développement.

II. SÉRIE DES AEXTOXICON.

Les *Aextoxicon* [3] ont les fleurs dioïques. Leur réceptacle, peu développé, porte un périanthe imbriqué, en dedans duquel se trouve un androcée avec un gynécée rudimentaire dans les fleurs mâles, un androcée stérile autour d'un pistil dans les fleurs femelles. Le périanthe est formé d'un nombre un peu variable de folioles qui, de dehors en dedans, présentent les modifications suivantes. Extérieurement, se voit un sac, globuleux dans le bouton, assez coriace, chargé en dehors de poils peltés, et qui, lors de l'anthèse, se déchire irrégulièrement et tombe [4]. Plus intérieurement, se trouvent cinq [5] folioles imbriquées [6], glabres, concaves, arrondies, scarieuses, à nervures étalées en éventail [7]. Tout à fait en dedans, et dans l'intervalle des folioles précédentes, s'en voient cinq [8] autres qui sont beaucoup plus longues, plus étroites, péta-

1. La couche intérieure de cette induvie n'est pas épaisse comme dans les Chalefs; c'est une sorte de sac dont toute la surface intérieure porte des poils, abondants surtout vers le haut. Le style flétri sort souvent par l'ouverture supérieure de ce sac. Le péricarpe est glabre, mince, translucide, homogène en apparence, sauf suivant deux lignes verticales, dorsale et ventrale, où il s'épaissit un peu, et où le tissu vasculaire abonde. La graine n'est pas entièrement dépourvue d'albumen. Toutefois celui-ci ne mérite ce nom qu'autour de la radicule. Là il est blanc, charnu. Plus haut, ce n'est plus qu'une membrane, qui vient se surajouter aux téguments proprement dits de la graine.

2. L., *Spec.*, ed. 2, 1452. — SCHKUHR, *Handb.*, III, 463, t. 321.—SCOP., *Fl. carniol.*, II, 261 (*Osyris*). — LEDEB., *Fl. ross.*, III, 552. — REICHB., *Icon.*, t. 549, fig. 1165. — DON, *Prodr. Fl. nepal.*, 68. — ROYLE, *Ill.*, 323. — LOUD., *Encycl.*, 699. — GREN. et GODR., *Fl. de Fr.*, III, 69.

3. R. et PAV., *Prodr. Fl. per.*, 131, t. 29. — HOOK., *Icon.*, I, t. 12. — ENDL., *Gen.*, n. 5881. — BENTH., in *Hook. Journ.* (1854), 372.—H. BN, *Et. gén. du gr. des Euphorbiac.*, 660, t. 27, fig. 26-33. — SCHLECHTL, in DC. *Prodr.*, XIV, 616.—A. DC., *Prodr.*, XVI, 640. — *Ægotoxicum* DCNE, in *Bull. Soc. bot.*, V (1858), 214; in *Ann. sc. nat.*, sér. 4, IX, 279.

4. On l'a décrit comme un involucre: suivant plusieurs auteurs, il représente peut-être une foliole extérieure du périanthe, plus développée que les autres; elle se déchire assez souvent, lors de l'anthèse, en deux portions inégales.

5. Il y en a plus rarement quatre ou six.

6. Souvent quinconciales.

7. Elles se déchirent assez souvent vers les bords, dans l'intervalle de ces nervures. Elles tombent ordinairement de bonne heure avec l'involucre.

8. Plus rarement six, ou quatre dans les fleurs femelles.

loïdes, atténuées à leur base, parcourues par une côte médiane épaisse
et charnue, inégalement arrondies à leur sommet, qui est imbriqué et
chiffonné dans la préfloraison. L'androcée est le plus souvent formé de
cinq [1] étamines, alternes avec ces dernières folioles, composées chacune

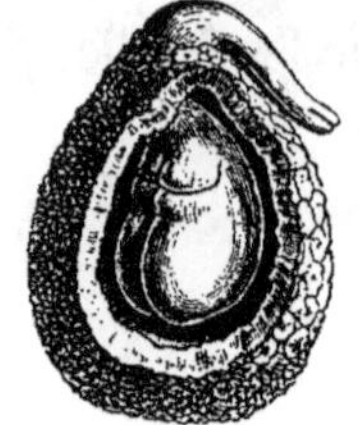

Aextoxicon punctatum.

Fig. 297. Gynécée ouvert ($\frac{12}{1}$).

d'un épais filet incurvé, et d'une anthère
basifixe, introrse, biloculaire, déhiscente par
deux fentes longitudinales. Dans l'intervalle
de ces étamines se trouvent cinq paires de
glandes épaisses, rapprochées [2] en forme de
croissant à concavité extérieure ; elles entou-
rent une petite dépression dans laquelle se
trouve logé un court rudiment de gynécée.
Dans les fleurs femelles, le périanthe est à
peu près le même que dans les fleurs mâles,
sauf le nombre de ses folioles, qui est plus

variable. Les étamines et les glandes qui les accompagnent sont placées
dans la fleur mâle ; mais les premières sont stériles et n'ont pas d'anthère,
ou n'en offrent qu'un rudiment au sommet du filet. Le gynécée se
compose ici d'un ovaire libre, tout chargé de poils peltés et surmonté
d'un style étroit, d'abord infléchi, partagé à son sommet en deux petits
lobes stigmatifères. Dans la loge ovarienne, on observe un placenta
pariétal qui porte, non loin de son sommet, deux ovules collatéraux,
descendants, anatropes [3], avec le micropyle ramené en haut sous le hile,
du côté du placenta, et coiffé d'un obturateur [4] (fig. 297). Le fruit est une
ments nue, à mésocarpe peu épais ; il renferme une graine dont les tégu-
drupe recouvrent un albumen charnu et un embryon à cotylédons foliacés,
à radicule cylindrique supérieure. On ne connaît qu'une espèce de ce
genre [5] : c'est un arbre du Chili, dont les feuilles sont alternes, opposées
ou subverticillées, simples, entières, pétiolées, sans stipules, chargées,
comme la plupart des organes, de poils écailleux peltés. Les fleurs sont
disposées en grappes simples, plus rarement ramifiées, solitaires ou
réunies en petit nombre dans l'aisselle des feuilles.

1. Ou 6, 7 (Decne).
2. Il y a probablement dix glandes au début,
une de chaque côté du filet staminal. Mais ordinairement les deux glandes voisines, qui se touchent
par leurs bords épais dans l'intervalle de deux
étamines, se collent ou s'unissent entre elles
dans une étendue variable. Dans les fleurs femelles, elles sont souvent plus petites et plus distinctes.
3. Ils ont double enveloppe.

4. M. Decaisne a contesté la présence de cet
organe qui vient s'appliquer en haut sur le micropyle, et qui reçoit de chaque côté, dans un
sillon superficiel, tout près de son bord infé-
rieur, un assez long prolongement, aigu et
arqué, émané du nucelle (ou peut-être du sac
embryonnaire) ; ce qui suppose que l'obturateur
joue un rôle important dans la fécondation.
5. *Æ. punctatum* R. et Pav., *loc. cit.* —
C. Gay, *Fl. chil.*, V, 348.

C'est ADANSON qui, en 1763, établit la famille des *Elæagni* [1]; il la plaçait à côté de celle des Aristoloches, et y renfermait, outre les Chalefs et les Argoussiers, plusieurs Santalacées, les *Tupelo* (*Nyssa*) et les *Cynomorium*, plus quelques Combrétacées. A. L. DE JUSSIEU [2] ne fit que reproduire, en 1789, ce qu'avait dit ADANSON, en ajoutant à son Ordre des Chalefs les *Quinchamalium* et les *Colpoon*, qui sont aussi des Santalacées. En 1823, A. RICHARD réduisit à ses limites actuelles cette famille qu'il étudia dans une *Monographie* [3] spéciale, dans laquelle il décrivit, outre les *Elæagnus*, les *Shepherdia* et les *Hippophae*, le *Conuleum*, que nous avons vu [4] être une Monimiacée du genre *Siparuna*. Cependant DE SCHLECHTENDAL, revoyant pour le *Prodromus* [5] la famille des *Elæagnaceæ* [6], y maintint le genre *Conuleum* et y ajouta comme genres douteux l'*Octarillum* de LOUREIRO [7] et l'*Aextoxicon* de RUIZ et PAVON [8]. Cette petite famille n'a pas été modifiée depuis; elle renferme une trentaine d'espèces dont les cinq sixièmes appartiennent au genre *Elæagnus*. Celui-ci habite à la fois les régions moyennes et tempérées de l'Europe, de l'Asie et de l'Amérique du Nord. Les *Shepherdia* sont uniquement américains, tandis que les *Hippophae* ne se rencontrent que dans l'ancien monde. Ces genres ne renferment d'ailleurs que deux espèces chacun.

Toutes les Élæagnacées sont ligneuses, arborescentes ou frutescentes [9]; toutes ont leurs organes chargés de poils écailleux, peltés ou étoilés, souvent argentés ou brunâtres; toutes ont des feuilles dépourvues de stipules, des bourgeons nus, et des fleurs de petite taille, dépourvues d'éclat, un ou deux verticilles d'étamines, des anthères introrses, un seul carpelle et des ovules anatropes. Quant aux caractères variables, il y en a qui semblent ici de première valeur et qui nous servent d'abord à partager ce groupe en deux séries, dont une n'appartient que d'une façon douteuse à la famille [10]. C'est celle des Aextoxicées, où le réceptacle floral est à peine concave et où l'ovaire renferme deux

<hr>

1. *Hist. des pl.*, II, 77, *Fam.* XII.
2. *Gen.*, 74, Ord. I.
3. In *Mém. de la Soc. d'hist. nat. de Paris*, I, 375-408, t. 24, 25.
4. *Hist. des pl.*, I, 314.
5. XIV, 606-616.
6. LINDL., *Introd.*, ed. 2, 194; *Veg. Kingd.*, 257. — *Elæagneæ* R. BR., *Prodr.*, 350. — ENDL., *Gen.*, 333, Ord. CXI.— *Elæagnideæ* DUMORT., *Anal.*, 15, 18.
7. *Fl. cochinch.*, 113.—ENDL., *Gen.*, n.2083. — SCHLCHTL., *Prodr.*, 615. — Par son périanthe tubuleux, tétramère, ses quatre étamines et son gynécée simple, ce genre paraît devoir se rapporter à l'*Elæagnus*; mais la structure de son ovaire nous est totalement inconnue. La graine est décrite comme arillée (?).
8. *Prodr.*, 131 (1797).
9. Leurs rameaux sont souvent atténués en piquants qui ne portent que des feuilles rudimentaires ou en sont dépourvus.
10. L'*Aextoxicon* a été rapporté aux Euphorbiacées douteuses par ENDLICHER, aux Ilicinées par M. MIERS, aux Monimiacées par M. DECAISNE. M. A. DE CANDOLLE (*Prodr.*, XVI, 641) n'adopte aucune de ces affinités.

ovules collatéraux, descendants, tandis que le périanthe y est formé de trois séries différentes d'enveloppes [1]. Les Élæagnées, au contraire, ont un réceptacle floral en forme de sac, persistant autour du fruit, auquel il forme une induvie charnue, souvent drupacée. Leur périanthe est univerticillé, et leur ovaire ne renferme qu'un ovule ascendant, presque dressé. Les autres caractères sujets à varier sont propres surtout à distinguer les genres entre eux. Les feuilles sont, ou opposées, comme dans les *Shepherdia*, ou, plus souvent, alternes, comme dans les *Elæagnus* et les *Hippophae*. Les fleurs sont hermaphrodites, comme dans la plupart des *Elæagnus*, ou dioïques, comme dans les deux autres genres. Le périanthe est à quatre ou à un nombre plus grand encore de parties, ou bien, comme dans les Argoussiers, c'est un sac allongé qui se partage supérieurement en deux portions. L'androcée ne forme qu'un verticille, sauf dans les *Shepherdia*, où il est diplostémoné. Les graines n'ont pas ordinairement d'albumen; mais nous avons vu celui-ci représenté dans les Argoussiers et dans quelques Chalefs, par une légère couche charnue qui entoure l'embryon dans sa portion inférieure.

La présence d'un seul carpelle dans les fleurs normales [2] des Élæagnacées les rapproche des Lauracées. Tous les auteurs ont admis cette étroite affinité des deux groupes. En l'adoptant pleinement nous-même, nous sommes dispensé d'insister sur les rapports des Élæagnacées avec les Protéacées, les Thymélées, les Myristicacées, etc. Nous pensons d'ailleurs que, de même que les Lauracées représentent le type unicarpellé des Monimiacécs à ovules descendants, les Élæagnées sont le type analogue des Monimiacées à ovules ascendants. Et comme, d'autre part, il y a des Monimiacées à étamines déhiscentes par des fentes, et d'autres dont les anthères s'ouvrent par des panneaux, les Élæagnacées sont en même temps les analogues des premières, aussi bien que les Lauracées représentent les dernières parmi les types à gynécée unicarpellé.

Cette famille renferme peu de végétaux utiles [3]. Quelques-uns d'entre eux sont ornementaux, à cause de leur feuillage argenté, à reflets plus ou moins brillants. On cultive dans nos jardins et nos parcs les *Elæagnus hortensis, argentea, arborea, ferruginea, latifolia*, les *Shepherdia*,

---

1. Voy. p. 491, note 4.

2. On a vu accidentellement des fleurs pluricarpellées. ŒDER en cite dans l'Argoussier qui avaient deux pistils. « *In floribus forsan monstrosis, at in eodem specimine numerosissimis* Hippophaes *carpella vidi* 2-4 », dit M. J. G. AGARDH (*Theor. Syst. pl.*, 177). Quant aux affinités des Élæagnacécs, le même auteur dit :

« *Sunt* Micrantheis *fere collaterales*, Rhamneis *affinitate proximæ, harum formam inferiorem apetalam et sæpe diclinam constituentes.*» LINDLEY a placé les Élæagnacées dans son Alliance des *Amentales*, après les Myricacées.

3. ENDL., *Enchirid.*, 212. — LINDL., *Veg. Kingd.*, 257. — ROSENTH., *Syn. pl. diaphor.*, 243, 1113.

l'*Hippophae rhamnoides*. Ce dernier, planté sur les dunes du littoral, sert à retenir les sables et à protéger la végétation d'herbes plus humbles que lui. Le bois de ses tiges est quelquefois employé, de même que celui de quelques Chalefs. Les espèces à épines acérées servent à faire des clôtures impénétrables. L'écorce, les bourgeons et les feuilles de plusieurs espèces renferment des matières astringentes. De là leur usage comme médicaments toniques, fébrifuges, antirhumatismaux. Dans le nord de l'Europe, l'Argoussier; dans l'Orient, le Chalef Olivier de Bohême; en Amérique, les *Shepherdia*, sont quelquefois recherchés pour ces usages. Le nom générique de l'*Aextoxicon punctatum* [1] indique des propriétés vénéneuses. On a même trouvé une substance toxique dans les fruits de notre Argoussier [2], ou plutôt dans la portion charnue de leur induvie, que les oiseaux recherchent cependant comme aliment pendant l'hiver. L'homme lui-même peut s'en nourrir quand ce principe vénéneux a été enlevé par la cuisson [3]. Dans les Chalefs, la couche pulpeuse de l'induvie est sucrée et acidule; cette même couche rend mangeables les fruits des *Elæagnus orientalis* [4], *ferruginea*, [5], *argentea* [6], *macrophylla* [7], *pungens* [8], *conferta* [9], *salicifolia* [10], *arborea* [11], etc. Ceux de l'*E. hortensis* [12] sont très-analogues, pour le goût, aux jujubes. L'odeur des fleurs de l'*E. angustifolia* rappelle beaucoup celle des pommes; elle est quelquefois incommode à cause de son intensité. Les fleurs de cette espèce et de quelques autres produisent un nectar abondant qu'on a recueilli quelquefois pour traiter les fièvres malignes. On a extrait une teinture jaune des fruits et une matière colorante brune des tiges de l'*Hippophae rhamnoides*.

1. *Acetunillo, Olivillo, Teche, Palo muerto* des Chiliens.

2. SANTAG., in *Chem. Gaz.* (1844), 121. Ils contiennent de l'acide malique, comme ceux des *Elæagnus*.

3. En Finlande, on en fait des sauces pour le poisson, etc.

4. L., *Mantiss.*, 41. Pour plusieurs auteurs, ce n'est qu'une variété de l'*E. hortensis* BIEB. (*Fl. taur.-cauc.*, II, 112). L'Olivier de Bohême, ou *E. angustifolia* L. (*Spec.*, ed. 2, I, 176), n'en serait aussi qu'une variété à feuilles étroites. (Voy. MEISSN., *Prodr.*, 609, n. 2.)

5. A. RICH., *Mon.*, 387, 404.

6. PURSH, *Fl. Amer. sept.*, I, 114. — *E. commutata* BERNH., in *Thur. allg. Gartenzeit.*, II, 95 (ex MEISSN., *Prodr.*, n. 1).

7. THUNB., *Fl. jap.*, 67. — *Fou Gommi* KÆMPF., *Amœn.*, 789.

8. THUNB., *op. cit.*, 68. — *Axin Gommi* KÆMPF., *loc. cit.*

9. ROXB., *Fl. ind.*, I, 460. — *Guara* des Bengalais.

10. LOUD., *Encycl.*, 697.

11. ROXB., *op. cit.*, 461. — *Sheashong* du Népaul.

12. Ils portent en Perse le nom de *Zinzeyd*, comme ceux de l'*E. orientalis*.

GENERA

***

I. ELEAGNEÆ.

1. Elæagnus T. — Flores regulares hermaphroditi v. rarius polygami; receptaculo cylindraceo – campanulato v. tubuloso ; perianthio
4- v. rarius 5-8-mero, valvato. Stamina 4 v. 5-8, cum perianthii
foliolis alternantia et sub eis inserta; filamento brevi libero v. subnullo ;
antheris dorsifixis, 2-locularibus, introrsum 2-rimosis. Discus glandu-
losus, forma varius, fauci receptaculi insertus. Germen liberum fundo
receptaculi insertum et inclusum ; stylo simplici ultra ostium angustam
receptaculi pervio, longitudine sulcato, ad apicem rectum, curvum
v. circinatum lateraliter stigmatoso; ovulo in ovarii loculo 1, adscen-
dente anatropo ; micropyle infera. Fructus receptaculo persistente
et accreto drupaceo induviatus; pericarpio sicco tenui indehiscente ;
semine erecto ; embryonis carnosi parce v. haud albuminosi radicula
brevi infera. —Arbores v. frutices, fere ex omni parte lepidoti v. stellato-
pilosi ; ramulis sæpe spinescentibus; foliis alternis petiolatis integris
exstipulaceis; floribus axillaribus pedicellatis solitariis v. cymosis paucis,
rarius in racemos breves axillares foliatos dispositis. (*America bor.,*
Europa austr., Asia med. et austr.) — *Vid. p. 487.*

2. Shepherdia NUTT. — Flores diœci ; receptaculo in flore masculo
vix concavo, in fœmineo tubuloso-cupuliformi. Perianthium 4-merum,
valvatum. Stamina (in flore fœmineo 0) 8, quorum 4, perianthii foliolis
opposita, 4 autem alterna; filamentis brevissimis; antheris introrsum
2-rimosis. Glandulæ 8, in flore masculo cum staminibus alternantes, in
fœmineo fauci insertæ. Germen (in flore masculo 0) fundo receptaculi
insertum liberum; germine ovuloque *Elæagni;* stylo elongato acuto,
lateraliter ad apicem stigmatoso. Fructus siccus, 1-spermus, receptaculo

drupaceo induviatus. — Arbusculæ v. frutices lepidotæ, interdum spinescentes; foliis oppositis; floribus præcocibus ad basin ramulorum
lateralium brevium racemulos formantibus; masculis in axillis bractearum pedicellatis; fœmineis in axillis foliorum oppositis. (*America
bor.*) — *Vid. p.* 489.

3. **Hippophae** T. — Flores diœci; perianthio 2-mero. Stamina (in
flore fœmineo 0) 4, v. rarius 3; filamentis brevibus; antheris introrsum
2-rimosis. Floris fœminei receptaculum valde concavum tubulosum.
Germen liberum, receptaculo inclusum; stylo apice exserto, lateraliter
longe stigmatoso; ovulo 1 (*Elæagni*). Fructus siccus, receptaculo increscente succulento induviatus; semine 1 (*Elæagni*). — Arbusculæ v. frutices lepidoti, sæpius spinescentes; foliis alternis; floribus præcocibus
ad basin ramulorum brevium lateralium amenta mentientium dispositis;
masculis in axillis bractearum deciduarum sessilibus; fœmineis in axillis
foliorum solitariis pedicellatis. (*Europa, Asia med.*) — *Vid. p.* 490.

II. AEXTOXICEÆ.

4. **Aextoxicon** R. et Pav. — Flores diœci; receptaculo brevi vix concaviusculo. Perianthium 3-plex; exteriore (in alabastro subgloboso) crebre
lepidoto, ad apicem inæquali-rupto, demum modo calyptræ 2-fido caduco;
mediante e foliolis 5 (v. rarius 4, 6) liberis rotundatis concavis imbricatis
deciduis constante; interioris foliolis 5 (v. 4, 6) longe subspathulatis,
apice crispato-crenatis, basi longe angustatis et costa prominula subcar-
nosa percursis, longius persistentibus. Stamina 5 (« v. 4, 6 ») cum petalis
alternantia; filamentis liberis; antheris (in flore fœmineo 0 v. rudimentariis effœtis) 2-locularibus, introrsum rimosis. Glandulæ 10, basi fila-
mentorum lateraliter insertæ, liberæ v. plus minus alte connatæ. Germen
(in flore masculo minutum) depresse conicum, ovoideum, dense lepidotum;
stylo brevi lineari, in alabastro recurvo, apice stigmatoso, 2-fido; ovulis
2, collateraliter descendentibus; micropyle introrsum supera, obturata.
Fructus nudus subdrupaceus, indehiscens, plerumque 1-spermus. Semen
descendens albuminosum; embryonis radicula cylindrica supera; cotyledonibus ovatis appressis. — Arbor lepidota; foliis persistentibus alternis,
oppositis v. ternatis, integris petiolatis exstipulaceis; floribus in racemos
axillares plerumque simplices dispositis. (*Chili.*) — *Vid. p.* 491.

XII

MYRISTICACÉES

Cette petite famille est formée du seul genre Muscadier [1], dont on peut prendre pour type le *Myristica fragrans* [2] (fig. 298-306). Ses fleurs sont régulières et dioïques. Dans les fleurs mâles, on ne trouve qu'un périanthe simple et un androcée, insérés sur un petit réceptacle con-

Fig. 298. Rameau fructifère ($\frac{1}{2}$).

vexe. Le périanthe est un calice charnu, gamosépale, partagé supérieurement en trois dents épaisses, valvaires. Au-dessus de lui, le réceptacle se prolonge en une colonne, renflée à sa base et portant supérieurement une vingtaine de loges d'anthères, verticales, linéaires,

---

1. *Myristica* L., *Gen.*, n. 1399. — Thunb., in *Act. holm.* (1782), 45 ; *Dissert.* (1788). — Adans., *Fam. des pl.*, II, 345. — J., *Gen.*, 81. — Gærtn., *Fruct.*, I, 194, t. 41. — Lamk, in *Hist. Acad. sc. ann.* 1788 (1791), 152, t. 5-7 ; *Dict.*, IV, 383 ; Suppl., IV, 34 ; *Ill.*, t. 832, 833. — Endl., *Gen.*, n. 4706. -- A. DC., in *Ann. sc. nat.*, sér. 4, IV, 20 ; *Prodr.*, XIV, 189. — H. Bn, in *Adansonia*, VI, 177. — Komakon Theoph. (ex Adans., *loc. cit.*). — Moschokaruon Dioscor.

2. Houtt., *Hist. nat.*, II, p. III, 233 (1774). — Bl., in *Rumphia*, 180, t. 55. — *M. officinalis* L. fil., *Suppl.*, 265. — Gærtn., *loc. cit.*, t. 41. — *M. moschata* Thunb., in *Act. holm.*, *loc. cit.*; *Dissert.* (1788). — *M. aromatica* Lamk, *loc. cit.*, 155, t. 5-7. — *Nux Myristica*, *Pala* Rumph., *Herb. amboin.*, II, 14, t. 4.

extrorses, déhiscentes dans toute leur hauteur par une fente longitudinale[1].
Il n'y a aucune trace d'organe femelle ; de même que dans la fleur
femelle, il n'y a qu'un gynécée en dedans du périanthe. Celui-ci est
aussi gamosépale, à trois dents valvaires, réfléchies lors de l'anthèse ; un
peu plus développé que celui de la fleur mâle. Le gynécée est libre,
supère, formé d'un ovaire atténué supérieurement en cône et parcouru
par un sillon longitudinal qui répond au côté placentaire. En haut, les

Myristica fragrans.

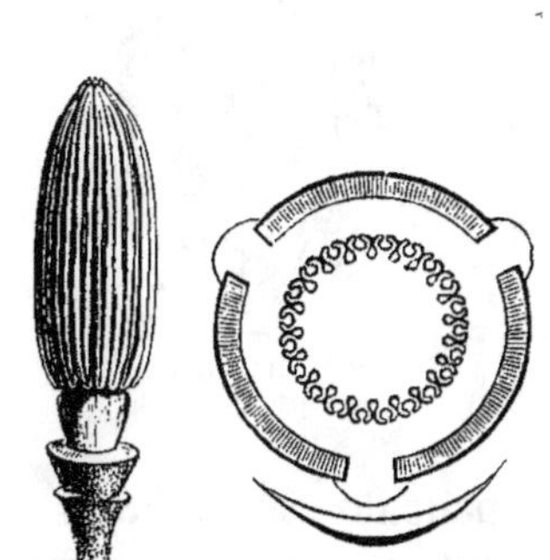 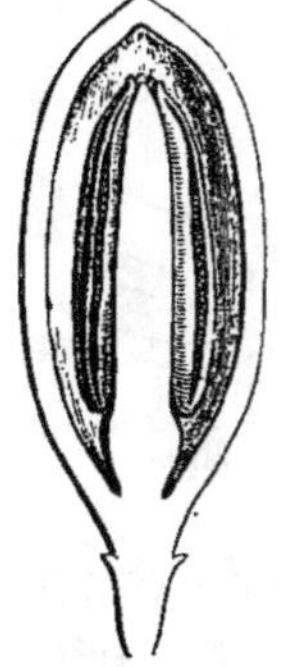  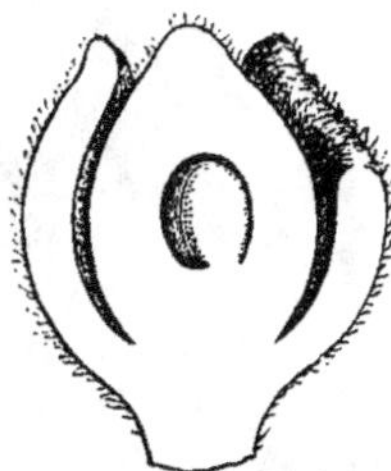

Fig. 299. Fleur mâle, sans le périanthe ($\frac{6}{1}$). Fig. 300. Fleur mâle, diagramme. Fig. 301. Fleur mâle, coupe longitudinale ($\frac{6}{1}$). Fig. 302. Fleur femelle ($\frac{4}{1}$). Fig. 303. Fleur femelle, coupe longitudinale.

deux lèvres de ce sillon s'épaississent graduellement, se renversent et se
recouvrent de papilles stigmatiques. L'ovaire ne renferme qu'une loge
dans laquelle se trouve un placenta presque basilaire ; il porte un seul
ovule, presque dressé, anatrope, avec le micropyle tourné en bas et du
côté opposé au sillon de l'ovaire[2]. Le fruit (fig. 298) est une baie, souvent piriforme, et s'ouvrant à sa maturité suivant sa longueur[3], pour
laisser libre une grosse graine ascendante. Celle-ci est entourée d'un
arille charnu, coloré, plus ou moins lacinié, remontant plus ou moins
haut entre la graine et le péricarpe, et connu sous le nom de *macis*
(fig. 305, 306)[4]. Les téguments séminaux sont épais et solides ; ils

1. « Pollen sphæricum (ex *M. fragrante*, *diospyrifolia*) aut sphærico-trigonum (ex *M. sebi-fera, Otoba* », A. DC., *Prodr.*, 187).

2. Il a deux enveloppes. Le nucelle est d'abord recouvert par une secondine en forme de bouteille à goulot épais, parcouru par un étroit canal et dont l'orifice, coupé droit, ne fait pas saillie au delà de l'exostome. Celui-ci est circulaire ou ellipsoïde, à bords amincis ; il se trouve à une certaine distance au-dessus du hile (voy. *Adansonia*, V, 178).

3. Elle s'ouvre suivant les sutures dorsale et ventrale, à partir du sommet ; elle forme donc définitivement deux panneaux distincts.

4. La nature et l'origine fort discutées de cet arille ont été l'objet de nombreux travaux ; c'est un des points les plus contestés de la botanique. Les anciens admettaient simplement que le

renferment un albumen profondément ruminé (fig. 306), dont l'embryon occupe une petite cavité, voisine du micropyle. Sa radicule est courte, conique, infère, et ses cotylédons sont divergents, ondulés. Le *M. fragrans* est un arbre des Moluques, dont toutes les parties sont aromatiques. Ses feuilles sont alternes, simples, entières, pétiolées, sans stipules.

Myristica fragrans.

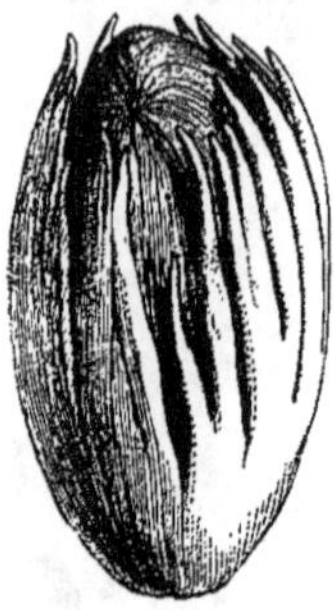

Fig. 305. Graine.

Fig. 304. Fleur femelle, diagramme.

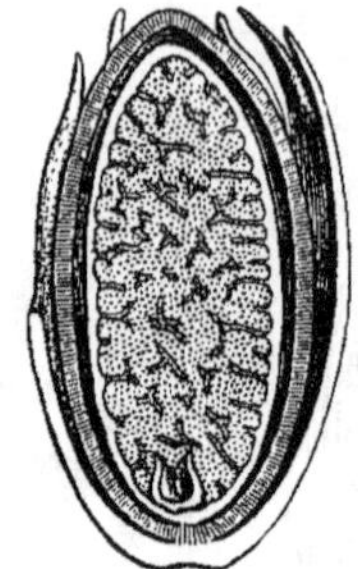

Fig. 306. Graine, coupe longitudinale.

Ses fleurs sont disposées en fausses-grappes [1] pauciflores, axillaires ou supra-axillaires, pédonculées. Chaque pédicelle est accompagné à sa base d'une bractée caduque, et porte, à une hauteur variable, mais ordinairement tout près de la fleur, une autre bractée caduque, alterne avec les deux divisions antérieures de son périanthe (fig. 300, 304).

Les autres Muscadiers de la section *Eumyristica* ont tous la même organisation générale, et le nombre de leurs anthères varie de huit à vingt. Dans les *Virola* [2], dont on avait fait autrefois un genre particulier,

---

macis est une production arillaire de la graine de la Muscade. C'est M. PLANCHON qui, en 1844, dans son *Mémoire sur les vrais et faux arilles* (33), a modifié les idées reçues jusqu'à lui, et rangé le *macis* dans la catégorie des arilles faux ; opinion qu'il a plus récemment reproduite (in *Ann. sc. nat.*, sér. 4, V, 4), et qu'ont pleinement adoptée A. RICHARD (*Elém.*, éd. 7, 452) et M. A. DE CANDOLLE (in *Ann. sc. nat.*, sér. 4, IV, 20). MM. DECAISNE et LEMAOUT (*Trait. gén. de bot.*, 380), adoptant une opinion diamétralement opposée, ont « conservé de préférence le nom d'arille à l'organe qui enveloppe la Muscade », parce que, disent-ils, « d'après l'examen de deux ovules, nous avons cru remarquer que cet organe naît plus de la base de l'ovule que l'exostome, ainsi que l'admettent MM. A. DE CANDOLLE et PLANCHON. » Il y avait cependant près de trois années que nous avions établi que l'arille est un épaississement qui, se produisant à droite et à gauche de la base de l'ovule,

gagne horizontalement le pourtour du hile, puis remonte graduellement à droite et à gauche vers l'exostome, et que, par suite, l'hypothèse de MM. J. HOOKER et THOMSON (*Fl. ind.*, I, 154), suivant laquelle le *macis* participe à la fois de la nature de l'arillode et de celle de l'arille vrai, est la seule qui se rapproche de la vérité. C'est un arille du hile et du micropyle.

1. Les inflorescences femelles du *M. fragrans* sont plutôt comparables à des cymes. Sur celles qui sont triflores, par exemple, voici ce qu'on peut observer. Il y a une fleur médiane, plus âgée et plus longuement pédicellée que les autres. Là où son pédicelle se sépare du pédoncule commun de l'inflorescence, il y a deux bractées voisines l'une de l'autre, situées d'un même côté ; et chacune d'elles a une fleur plus jeune, pédicellée, dans son aisselle.

2. AUBL., *Guian.*, 904, t. 345. — A. DC., *Prodr.*, 194 (*Myristicæ* sect. III). — *Sebophora* NECK., *Elem.*, 907.

il n'y a le plus souvent qu'un nombre d'étamines égal à celui des divisions du périanthe avec lesquelles elles alternent. Il en est de même ordinairement dans les espèces de la section *Otoba* [1]; mais elles sont à peu près libres, au lieu d'être monadelphes. Dans les *Compsoneura* [2], il y en a six, dressées et verticillées. Dans les *Irya* [3], la portion centrale de l'androcée a la forme d'une poire, dont le sommet est concave et entouré d'un cercle d'anthères courtes, attachées autour de son bord extérieur. Dans les fleurs mâles du *M. corticosa* [4] (fig. 307, 308), autrefois pris pour type du genre *Knema* [5], le périanthe a des folioles souvent très-épaisses et taillées intérieurement en coin; et l'androcée,

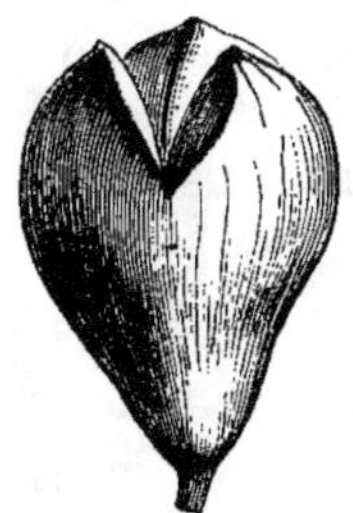

Myristica (Knema) corticosa.

Fig. 307. Fleur mâle ($\frac{5}{1}$). Fig. 308. Androcée ($\frac{10}{1}$).

relativement très-court, a la forme d'une colonnette dont le sommet se dilate en tête saillante, aplatie ou concave. Des bords de cette tête divergent des rayons courts qui supportent chacun une anthère, ovale ou arrondie, courte, à deux loges déhiscentes par des fentes longitudinales qui regardent en bas et en dehors. Dans les *Pyrrhosa* [6], enfin, qui ont aussi été élevés au rang de genre, l'androcée consiste en une petite masse ovoïde ou obovoïde allongée, sur la surface de laquelle se dessine dans toute la hauteur des loges un nombre variable d'anthères linéaires, quelquefois d'une délicatesse extrême.

Ainsi constitué [7], le genre *Myristica* renferme environ quatre-vingts espèces [8], toutes arborescentes ou frutescentes, toutes pourvues de

1. A. DC., in *Ann. sc. nat.*, sér. 4, IV, 30 ; *Prodr.*, 198 (sect. V).

2. A. DC., *Prodr.*, 199 (sect. VI).

3. Hook. f. et Thoms., *Fl. ind.*, I, 159.—Bl., *Rumphia*, I, 190 (*Pyrrhosa*).—A. DC., *Prodr.*, 202 (sect. XI).

4. Hook. f. et Thoms., *loc. cit.*, 158. — A. DC., *Prodr.*, n. 70. — *M. globularis* Lamk, in *Mém. Ac. sc. Par.* (1788), 162.—*M. glauca* Bl., *Bijdr.*, 576. — *M. sumatrana* Bl., *Rumphia*, I, 187. — *M. angustifolia* Roxb., *Fl. ind.*, III, 847. — *M. glaucescens* Hook. f. et Thoms., *loc. cit.*, 157. — *Knema corticosa* Lour., *Fl. cochinch.*, 742. — *K. glaucescens* Jack, *Mal. Misc.*; in *Hook. Comp. Bot. Mag.*, I, 149.

5. Lour., *Fl. cochinch.*, 742. — Bl., *Rum-*

phia, I, 187, t. 60, 61. — Endl., *Gen.*, n. 4707.— A. DC., *Prodr.*, 204 (sect. XIII).

6. Bl., *Rumphia*, 1, 190, t. 62, 63. — Hook. f. et Thoms., *Fl. ind.*, I, 160. — A. DC., *Prodr.*, 202 (sect. XII).

7. Aux sections précédentes M. A. De Candolle en a encore ajouté quatre : *Caloneura* (*Prodr.*, 192); *Horsfieldia* (W.), nec Bl., nec Benn. (*Prodr.*, 200); *Dictyoneura* (*Prodr.*, 201); *Iryanthera* (*Prodr.*, 201).

8. Poir., *Dict.*, Suppl., IV, 35. — Sw., *Fl. ind. occ.*, 1129.—Bl., *Bijdr.*, 575; *Rumphia*, 180. — Schott, in *Spreng. Syst.*, App., 409. — H. B. K., *Nov. gen. et spec.*, II, 156. — R. Br., *Prodr. N. Holl.*, 400. — Mart., *Reise*, II, 543. —Blanco, *Fl. d. Filipp.*, 664. — Roxb., *Fl. ind.*, III, 847. — Benth., in

feuilles alternes, souvent distiques, penninerves. Toutes ont des inflorescences axillaires ou supra-axillaires, tantôt simples, tantôt un grand
nombre de fois ramifiées, et formées, surtout dans les pieds mâles, d'un
nombre considérable de fleurs. Les unes sont glabres, les autres couvertes
de poils étoilés ou malpighiacés. Beaucoup sont aromatiques et ont les
organes de végétation parsemés de points pellucides ou réservoirs d'huile
essentielle. Toutes les espèces sont tropicales ; les unes américaines, les
autres asiatiques, océaniennes ou africaines.

Le genre Muscadier forme à lui seul une petite famille qu'on a souvent
tenté de rattacher à un groupe plus considérable. Il a en effet des
affinités nombreuses, d'abord avec les Protéacées et les Lauracées,
comme l'avait remarqué R. Brown, puis avec les Monimiacées, les Anonacées, les Ménispermacées, les Lardizabalées. Dans les deux premières
de ces familles, il y a des plantes aromatiques, des fleurs souvent
dioïques. Dans les deux dernières, le type ternaire est ordinaire dans les
fleurs ; de même dans les Anonacées. L'albumen est souvent ruminé
dans les Ménispermacées, toujours dans les Anonacées. Ces dernières
ont fréquemment une graine arillée, comme celle des Muscadiers. Il est
bien possible qu'on découvre un jour quelque type intermédiaire à celui
des *Myristica* et à celui de quelques-unes de ces familles, dont on s'expli-
quera mieux alors les affinités avec les Muscadiers [1]. En attendant,
ceux-ci se distinguent suffisamment par la structure de leur androcée,
l'énorme développement de leur arille, le cloisonnement si prononcé de
leur albumen, la conformation de leur petit embryon, et surtout par
leur périanthe unique, à trois divisions épaisses, charnues, exactement
valvaires. Les Lardizabalées à androcée monadelphe semblent toutefois
servir de passage des Myristicacées à étamines unies, aux Berbéridées
proprement dites, qui n'ont plus qu'un carpelle, comme les Muscadiers ;
et le péricarpe de ceux-ci, déhiscent, quoique charnu, se retrouve
encore dans les *Holbœllia*, *Akebia*, etc. Quelles que soient les analogies
qui ont porté Jussieu [2] à placer les Muscadiers parmi les Lauracées, et
Adanson [3] à les ranger dans le groupe des Pistachiers [4], il faut nous

Hook. Journ. (1853), 3. — Hook. f. et Thoms.,
Fl. ind., I, 156. — Miq., *Pl. Jungh.*, 171. —
A. DC., in *Ann. sc. nat.*, sér. 4, IV, 29. —
H. Bn, in *Adansonia*, VIII, 79. — Walp.,
Ann., IV, 80 ; V, 743.

1. Ceux-ci ont, dit-on, çà et là deux car-
pelles, au lieu d'un seul (Bl., *Rumphia*, I,
179).

2. *Gen.* (1789), 81, 448.

3. *Fam. des pl.*, II, 345 (*Comacum*).

4. Reichenbach (*Consp.*, 86) en a même fait
des Aristolochiées. M. J. G. Agardh (*Theor.
Syst. plant.*, 126) les juge : « Schizandraceis
et Viscaceis *evolutione florum fere analogœ*,
Anonaceis *affinitate proximæ, formam earum
constituentes inferiorem, floribus diclinibus
monochlamydeis potissimum distinctam.* »

en tenir provisoirement à l'opinion de R. Brown, qui établit en 1810 une famille spéciale des Myristicées [1].

La plupart des plantes de ce genre sont utiles [2] par leurs fruits aromatiques, excitants, dont toutes les parties sont riches en substance odorante, mais dont on sépare ordinairement pour l'exportation le péricarpe charnu et qui s'altère facilement. Dans la Muscade commune, produite par le *Myristica fragrans* [3], la portion qui se trouve dans le commerce, sous le nom de Noix muscade, M. des Moluques, M. femelle, est la graine, moins l'arille et les téguments, c'est-à-dire l'albumen, avec l'embryon relativement peu volumineux, qui est logé vers l'une de ses extrémités. Transporté dans tous les pays chauds du monde, où on le cultive pour ses produits, le Muscadier fournit encore le macis ou fleur de Muscade, qui est l'arille, et des huiles dites essence, baume, beurre de Muscade, qu'on retire par expression, et de l'arille, et de l'albumen. Ces différents produits servent comme parfums, comme condiments et comme médicaments stimulants [4]. Les mêmes propriétés s'observent, à des degrés divers, dans beaucoup d'autres Muscades, notamment dans les fruits des *Myristica succedanea* Bl. [5], de Timor, *fatua* Houtt. [6] ou *Mantjes*, de l'archipel Indien, *malabarica* Lamk [7], *Horsfieldia* Bl. [8], de Java, *spuria* Bl., des Philippines, *tingens* Bl. [9], d'Amboine, *Aruana* Houtt. [10], des Moluques, et d'autres espèces indiennes, telles que les *M. amygdalina* Wall. [11], *corticosa* Hook. et Thoms. [12], *Irya* Gærtn. [13].

1. *Prodr. Nov.-Holl.*, 86. — Endl., *Gen.*, 829. — *Myristicaceæ* Horan., *Prim. lin.*, 61. — Lindl., *Veg. Kingd.*, 301 (part.). — A. DC., *Prodr.*, 186.

2. Endl., *Enchirid.*, 419.— Lindl., *op. cit.*, 302. — Rosenth., *Syn. pl. diaphor.*, 586, 1140.

3. Voy. p. 498, notes 1, 2, fig. 298 ; 499, 500, fig. 299-306. — Guib., *Drog. simpl.*, éd. 6, II, 415. — Pereira, *Elem. Mat. med.*, ed. 4, II, p. I, 470. — Lindl., *Fl. med.*, 21.

4. On les a vantés également comme toniques, stomachiques, antiputrides, antipériodiques. La Muscade fait partie des élixirs diaphœnix, de Garus, de l'eau de Mélisse des Carmes, de la thériaque, de l'esprit carminatif de Sylvius, du vinaigre des quatre voleurs, etc.

5. *Rumphia*, 186, in adnot. — Meissn., *Prodr.*, 189, n. 3.

6. *Nat. Hist.*, II, p. III, 337 (nec Sw.). — — A. DC., *Prodr.*, n. 2.— *Nux Myristica mascula* Clus., *Exot.*, I, 14. — *M. macrophylla* Roxb. — *M. dactyloides* Gærtn., *Fruct.*, I,

195, t. 41 (part.). — Muscade mâle ou sauvage des Moluques.

7. In *Act. Acad. par.* (1788), 162.—A. DC., *Prodr.*, n. 25. — *Palam palaca* Rheed., *Hort. malab.*, 4, t. 5 ?

8. *Bijdr.*, 577 (nec Wall.). — A. DC., *Prodr.*, n. 51. — *M. Iryaghedhi* Gærtn., *Fruct.*, I, 196, t. 41, fig. 4. — *Horsfieldia odorata* W., *Spec.*, IV, 872.— *Pyrrhosa Horsfieldii* Wight, *Icon.*, t. 1857.

9. *Rumphia*, 1, 190. — A. DC., *Prodr.*, n. 84. — *Pala tingens* Rumph., *Herb. amboin.*, II, 27, t. 7. Cette espèce passe aussi (Rosenth., *op. cit.*, 588) pour donner une sorte de sang-dragon ; ce qui porte à penser qu'elle est analogue, sinon identique au *Dungan* (584, note 11).

10. Rosenth., *op. cit.*, 1140.—Bl., *Rumphia*, I, 191. — *Palala-aruana* Rumph., *Herb. amboin.*, 56, t. 24, fig. 3.

11. *Pl. asiat. rar.*, I, t. 90. — A. DC., *Prodr.*, n. 62.

12. Voy. p. 501, note, 4, fig. 304, 305.

13. *Fruct.*, I, 195, t. 41. — DC., *Prodr.*,

Dans l'Amérique, il y a des espèces aromatiques analogues : les *M. suri-namensis* ROLAND.[1], *sebifera* AUBL.[2], *officinalis* MART.[3], *Otoba* H. B.[4], *Bicuhyba* SCHOTT.[5]. Dans l'Afrique tropicale, on observe surtout le *M. madagascariensis* LAMK[6] et les deux espèces que nous avons fait connaître sous les noms de *M. Niohue*[7] et de *M. Kombo*[8]. Plusieurs sont des toniques énergiques : ainsi les *M. officinalis, acuminata, Otoba*. Il suffit de plonger dans l'eau chaude les fruits du *M. sebifera* pour qu'une sorte de suif s'en dégage et vienne surnager[9]. Le macis du *M. Otoba* sert en Colombie au traitement de la gale. L'usage abusif des Muscades peut amener divers troubles de la santé. Le péricarpe de plusieurs espèces est caustique ; leur écorce est ordinairement gorgée d'un liquide visqueux et âcre, souvent rougeâtre. Celui d'un Muscadier nommé *Dungan* aux Philippines s'emploie à la place du sangdragon[10]. Celui du *M. tingens*[11], d'Amboine, est également rouge. On ajoute de la chaux à son macis pour teindre les dents en rouge ; ce qui est pour les indigènes la suprême beauté[12].

---

n. 54. — *M. javanica* BL., *Bijdr.*, 576. — *M. sphærocarpa* WALH., *Phan. rar.*, I, t. 89. L'arille est orangé, aromatique ; l'albumen est peu odorant.

1. In *Act. hafn.*, 281-302.—A. DC., *Prodr.*, n. 37. — *M. fatua* Sw., *Prodr. Fl. ind. occ.*, 96 (nec HOUTT.).

2. Sw., *Fl. ind. occ.*, 1129. — BENTH., in *Hook. Journ.* (1853), 5. — A. DC., *Prodr.*, n. 28. — *Virola sebifera* AUBL., *Guian.*, 904, t. 345, fig. 1-5.

3. *Reise*, II, 543. — A. DC., *Prodr.*, n. 41. — *Bicuiba rodonda* des Brésiliens. Espèce à graines toniques, peu aromatiques.

4. *Pl. æquin.*, II, 78, t. 103. — A. DC., *Prodr.*, n. 46. Ses graines sont les Muscades de Santa-Fé ; leur arome est fugace.

5. In *Spreng. Syst.*, App., 409. — A. DC., *Prodr.*, n. 38. — *Bicayba* et *Noz moscha do Brazil*. Espèce officinale, aromatique et amère. On en retire un baume de *Bicahyba*, parfois importé en Europe, usité au Brésil dans le traitement des affections rhumatismales, des hémorrhoïdes, etc.

6. In *Mém. Acad. sc. par.* (1788), 163, t. 4. — POIR., *Dict.*, IV, 338 (nec BOJ.). — A. DC., *Prodr.*, n. 52. — Muscadier de Mada-gascar, cultivé, dit-on, à Bourbon et employé presque exclusivement comme aromate.

7. H. BN, in *Adansonia*, IX, 79, not. 1. — *Niohue* des indigènes.

8. H. BN, *loc. cit.*, note 2. — *Kombo* ou *N'combo* des indigènes ; *Arbre à suif* du Gabon. Ses graines s'administrent dans plusieurs affections chroniques ; on en retire un suif à odeur nauséeuse, analogue à celui du *M. sebifera*.

9. Il est jaunâtre, légèrement odorant, d'apparence cristalline, et sert à faire des bougies.

10. HINDS, in *Lond. Journ. Bot.*, I, 675, ex LINDL., *loc. cit.*, 302.

11. BL., *Rumphia*, I, 179. Le *Dughau, Dunghan* ou *Gono-gogo* paraît être (ROSENTH., *op. cit.*, 588) produit par le *M. ? spuria* BL. (*M. philippinensis* LAMK ? ; — *M. luzonica* BLANCO, *Fl. d. Filipp.*, 664 ; — A. DC., *Prodr.*, n. 207).

12. Le bois des *Myristica* est quelquefois beau, quoique peu résistant, et parfois légèrement odorant. Au Gabon, celui du *M. Kombo* sert à la construction des pirogues. A Cayenne, on emploie, sous le nom de *Guinguamadou de montagne*, celui du *M. surinamensis* ROLAND. ; et le *Moussigot* ou *Mouchigo* rouge est une autre espèce du même genre, que nous nommerons *M. Mouchigo*.

GENERA

1. **Myristica** L. — Flores diœci; receptaculo brevi convexo. Perianthium simplex (calycinum), sæpius 3-lobum (rarius 2-4-lobum), valvatum. Stamina (in flore fœmineo 0), aut 3, cum perianthii foliolis alternantia, aut sæpius 4-12, v. ∞ ; antheris forma variis, 2-locularibus, extrorsis, longitudine rimosis; filamentis, aut a basi mediove liberis, aut stipiti communi longitudinaliter adnatis, v. circa suprave stipitem dorso basive adnatis, rarius in orbem radiantibus; connectivo sæpe in acumen breve cuique antheræ proprium v. omnibus commune apice producto. Germen (in flore masculo 0) liberum, 1-loculare; stigmate brevi subsessili, subintegro, depresso v. vix 2-lobo. Ovulum 1, subbasilare, adscendens, anatropum; micropyle infera dorsali. Fructus carnosus, tarde dehiscens, longitudine 2- v. rarius 4-valvis. Semen suberectum sessile, arillo basi integro, a medio sæpius lobato lacerove, colorato, tenui v. carnoso, sæpe aromatico, involutum; integumento 3-plici; externo membranaceo v. subcarnoso; intermedio testaceo; interno tenui, intus plicis inter lobos albuminis ruminati productis aucto. Embryo sub apice albuminis copiosi carnosi minutus; radicula brevi infera; cotyledonibus divergentibus, planis v. crispato-undulatis. — Arbores (v. frutices) sæpe aromaticæ succoque scatentes; foliis alternis (distichis) integris, sæpius coriaceis pellucido-punctatis, penninerviis, vernatione involuto-conduplicatis, exstipulaceis; floribus in racemos (sæpe spurios), simplices v. sæpius ramosos pauci v. sæpius multifloros, axillares v. supra-axillares, dispositis. (*Orbis tot. reg. tropicæ.*) — *Vid. p.* 498.

ADDITIONS ET CORRECTIONS

Page 80, note 6, ajoutez : H. Bn, in *Adansonia*, IX, 220, *Sur la valeur du genre* Hoffmanseggia.

Page 81, note 3, ajoutez : H. Bn, in *Adansonia*, IX, 226, *Sur les* Zuccagnia *de la Flore du Chili.*

Page 93, note 2, ligne 2, au lieu de *fasc.* VII, lisez 206.

Page 111, note 3. *Pancovia* est une Sapindacée (H. Bn, in *Adansonia*, IX, 229).

Page 211, ligne 11, et page 268, n. 268, au lieu de *Gliviridia*, lisez *Gliricidia*.

Page 272, n. 72 *bis*, ajoutez : **Poissonia** H. Bn, in *Adansonia*, IX, 295. — Flores irregulares resupinati. Receptaculum obconico-turbinatum, intus disco crassiusculo vestitum. Calyx gamophyllus subcampanulatus, profunde 5-lobus ; lobis longe subulatis subæqualibus ; posterioribus 2 alte connatis ; præfloratione imbricata. Petala unguiculata : vexillum suborbiculare ; alæ oblique obovatæ ; carina incurva obtusiuscula. Stamina 10, 2-adelpha (9-1) ; antheris 1-formibus. Germen brevissime stipitatum ; ovulis ∞ ; stylo incurvo, apice capitato stigmatoso, sub stigmate pilis densis in massam brevem piriformem approximatis vestito, cæterum glabro. Legumen breviter stipitatum, basi calyce persistente munitum, lineare, utrinque oblique acutatum, compressum, inter semina extus lineis obliquis depressum, intus sibimet contiguum, ∞-locellatum. Semina transverse obovata compressa glabra ; funiculo brevi ; embryonis exalbuminosi radicula elongata valde inflexa. — Suffrutex (?) ex omni parte canescenti-tomentosus ; foliis alternis petiolatis, 1-foliolatis ; foliolo obovato penninervio, basi articulato ; stipulis lineari-subulatis ; floribus axillaribus solitariis ; pedunculo post anthesin reflexo. — Spec. 1, peruviana : *P. solanacea.*

Page 279, note 3, ligne 3, au lieu de *fasc.* 7, lisez 240.

Page 285, note 3, ajoutez H. Bn, in *Adansonia*, IX, 233, 291.

Page 287, note 4, ligne 3, au lieu de *fasc.* 7, lisez 239.

Page 288, note 8, au lieu de *fasc.* 7, lisez 232.

Page 308, note 1, ligne 4, au lieu de *fasc.* 7, lisez 234.

Page 313, ajoutez : n. 153 *bis*. **Arthroclianthus** H. Bn, in *Adansonia*, IX, 296. — Flores papilionacei ; receptaculo brevi concavo, intus disco cupulato vestito. Calyx gamophyllus subcampanulatus, obtuse 4, 5-dentatus. Corolla fere *Clianthi* (v. *Chadsiæ*) : vexillum alis brevius subovatum, apice plerumque acutatum, breviter unguiculatum, reflexum ; alæ longius unguiculatæ falcatæ, acutæ v. acuminatæ carinæ longiori adhærentes ; carina arcuata, apice acuto rostrata ; petalis longiuscule unguiculatis, infra valvatim cohærentibus. Stamina 10, 2-adelpha (9-1) ; antheris oblongis supra basin dorso insertis, subversatilibus. Germen stipitatum ; ovulis ∞ ; stylo gracili incurvo subulato, apice stigmatoso haud incrassato. Legumen longe stipitatum, basi calyce persistente cinctum lineare valde elongatum compressum, ∞-articulatum ; articulis glabris submembranaceis utrinque angustatis, 1-spermis ; summo stylo apiculato. Semina (immatura) subreniformia, descendentia, infra longe angustata. — Frutex ; foliis alternis pinnatim 3-foliolatis ; foliolis petiolulatis ; stipulis brevibus acutis ; floribus in racemos axillares dispositis ; rachi rigidula recta ; bracteis brevibus distichis ; floribus longe pedicellatis ; bracteolis 2 brevibus summo pedicello sub flore insertis. — Spec. 1, austro-caledonica : *A. sanguineus.*

Page 327, ajoutez : n. 185 *bis*. **Xanthocercis** H. Bn, in *Adansonia*, IX, 293. — Receptaculum breviter cupulatum, intus disco glanduloso brevi vestitum. Calyx gamophyllus subcampanulatus, integer recte truncatus v. rarius obscure 5-dentatus. Corolla papilionacea ; petalis 4 inferioribus subsimilibus liberis oblongo-subspathulatis, basi longe attenuatis, leviter insymmetricis. Vexillum alis longitudine subæquale ; ungue latiore carnosula ; limbo subobovato, basi breviter 2-auriculato, in alabastro extimo. Stamina 10, leviter 2-adelpha ; vexillari omnino libero, basi attenuato ; 9 autem inferioribus ima basi connatis, deciduis ; filamentis 5 majoribus (alternipetalis) basi extus squama plus minus alte connata et apice inæquali-crenata lacerava (*Simarubearum* more) auctis ; antheris 1-formibus ovatis, intus 2-rimosis, versatilibus. Germen breviter stipitatum ; stylo brevi subulato, apice haud incrassato stigmatoso ; ovulis ∞, oblique descendentibus. Fructus (immaturus) calyce persistente basi munitus, stylo apiculatus, elongato-subcylindricus, ∞-spermus, indehiscens. — Arbor ; foliis alternis paripinnatis ; foliolis 2 ultimis oppositis ; cæteris alternis, petiolulatis omnibus integris ; stipulis minimis vix conspicuis ; floribus in racemos ramosos terminales axillaresque dispositis ; bracteis alternis 1-floris ; bracteolis 2 parvis caducis ad medium pedicellum insertis. — Spec. 1. *X. madagascariensis.*

Page 350, note 6, ajoutez : H. Bn, in *Adansonia*, IX, 297, t. VII.

Page 391, note 2, ligne 2, au lieu de *fasc.* 8, lisez 250.

Page 417, note 6. Parmi les *Andripetalum* australiens se rangeront les *Macadamia* (F. Muell., in *Trans. Phil. Inst. Vict.*, II, 72 ; *Fragm.*, VI, 191, sub *Helicia*). — Voy. H. Bn, in *Adansonia*, IX, 258.

Page 424, note 2, ligne 2, au lieu de *fasc.* 8, lisez 243.

Page 434, note 1, ligne 4, au lieu de *fasc.* 8, lisez 241.

Page 436, note 2, ligne 3, au lieu de *fasc.* 8, lisez 243.

Page 444, note 2, ligne 7, au lieu de *fasc.* 9, lisez 308.

FIN DU DEUXIÈME VOLUME.

TABLE DES GENRES ET SOUS-GENRES

CONTENUS DANS LE DEUXIÈME VOLUME [1]

---

[1] Pour les genres conservés par nous, cette table renvoie toujours à la caractéristique latine du *Genera*. Là le lecteur trouvera un autre renvoi à la page où le genre est analysé et discuté.

FIN DE LA TABLE DES GENRES ET SOUS-GENRES DU DEUXIÈME VOLUME.

PARIS. — IMPRIMERIE DE E. MARTINET, RUE MIGNON, 2.